Praktische Stockkarten, Schädlinge im Überblick, phänologischer Kalender und vieles mehr

MEIN Bienen JAHR

EMF

EIN BUCH DER
EDITION MICHAEL FISCHER

Inhalt

Vorwort

Imkern ist das neue Yoga – so humorvoll wird der Trend zum eigenen Bienenvolk angepriesen. Dahinter steht die Idee von einem entspannenden Hobby, entschleunigt und zugänglich für alle. Da ist was dran, Imkern bringt aber auch Genuss, regen Austausch mit interessanten Menschen und neue Themen im Leben. Es gibt Bodenständigkeit und das Gefühl, im eigenen Umfeld sowie in der Natur verwurzelt zu sein.

Dieses Stockkartenbuch soll dir dabei helfen, immer den Überblick über deine Imkerpraxis und deine Bienenvölker zu behalten. Der Trachtkalender zum selber ausfüllen zeigt dir auf, wo deine Bienen gerade Futter finden und gibt dir einen guten Überblick über das aktuelle Bienenjahr. Dank der praktischen Listen zu Honigernte, Fütterung und Varroamilbenbehandlung weißt du immer, welche Arbeiten du schon getätigt hast und welche noch anstehen. Zusätzlich findest du hier knapp und übersichtlich zusammengefasste Informationen zum faszinierenden Superorganismus Bienenvolk, zu möglichen Schädlingen und deren Behandlung und zu rechtlichen Fragen rund ums Imkern – so hast du die wichtigsten Infos immer zur Hand.

Und nun ran an den Stock – auf ein erfolgreiches Bienenjahr!

Der Bien

Die Gesamtheit eines Bienenvolks wird von Imkern auch als „Bien“ bezeichnet. Das komplexe Zusammenspiel innerhalb dieses mehrtausendköpfigen Superorganismus findest du hier knapp zusammengefasst.

KÖNIGIN, DROHN UND ARBEITERIN

Die Arbeiterbienen – fleißig und vielseitig

Die weiblichen Arbeiterbienen übernehmen im Laufe ihres Lebens unterschiedliche Aufgaben: Als Ammenbienen bilden sie Futtersaft und versorgen damit ihre jüngeren Schwestern und Brüder. Als Baubienen schwitzen sie Wachsschüppchen aus und verbauen diese kunstvoll. Später werden sie als Wächterinnen am Flugloch eingesetzt oder sind als Sammlerinnen im Außendienst unterwegs. Es macht auch einen Unterschied, ob die Arbeiterinnen im Frühjahr oder im Spätsommer schlüpfen. Die Arbeiterinnen im Sommer werden oft nur 14 bis maximal 40 Tage alt. Ihre im Spätsommer geschlüpften Schwestern überdauern den Winter und werden bis zu sechs Monate alt. Sie stehen nach Monaten der Winterruhe im Frühjahr für die Pflege der ersten Brut bereit und sterben erst, wenn das Volk zahlenmäßig wieder im Aufschwung ist.

Sieht man in der warmen Jahreszeit Honigbienen um Blüten herumsummen, so sind das immer weibliche Arbeiterinnen auf Sammelflug. Die sind etwa 10-13 mm lang, pelzig goldbraun-schwarz bis grau-braun und haben eher kleine Augen.

Die Drohnen – die männlichen Bienen

Im Gegensatz zu ihren Schwestern entwickeln sich die männlichen Drohnen aus unbefruchteten Eiern und haben somit keinen Vater, sondern nur das Genmaterial der Königin. Sie haben einen ganz anderen Lebenslauf als die weiblichen Arbeiterinnen: Drohnen werden nur in der Zeit von etwa April bis Juli erbrütet. Ihre Aufgabe ist es, die jungen Königinnen zu begatten. Dazu treffen sie sich täglich zu Tausenden an Drohnensammelplätzen auf der Suche nach geschlechtsreifen Jungköniginnen. Kommt ein Drohn bei einer Königin zum Zug, bedeutet dies übrigens gleichzeitig seinen Tod. Die Begattung wird er nicht überleben, denn dabei verhaken sich die Geschlechtsorgane, den Drohn zerreißt es in der Luft. Wenn die Saison der jungen Königinnen spätestens im August vorbei ist, werden die Drohnen nicht länger gebraucht und die Drohnenschlacht beginnt. In dieser Zeit kann man gut beobachten, wie die Drohnen von ihren Schwestern unsanft aus den Fluglöchern bugsiert werden oder entkräftet auf dem Anflugbrett herumkrabbeln.

Drohnen sind mit etwa 13-16 mm Körperlänge etwas größer als Arbeiterinnen und leicht an ihren großen Augen zu erkennen.

Die Bienenkönigin – royale Brutmaschine

Die Königin entwickelt sich, wie die Arbeiterinnen, aus einem befruchteten Ei. Den Unterschied in ihrer Entwicklung macht allein die Aufzucht in einer besonders großen, senkrecht hängenden Weiselzelle und die ausschließliche Ernährung mit Königinnenfuttersaft, dem Gelée royale.

Der Job der Königin klingt übrigens besser, als er ist, denn eigentlich hat sie nichts anderes zu tun, als Eier zu legen. Dafür wandert sie stetig über die Waben im Brutnest, immer in Begleitung eines kleinen Hofstaats, der sie rundum versorgt. Alle Entscheidungen im Bienenvolk treffen die Arbeiterinnen. Sie entscheiden, ob und wann geschwärmt wird, ob die Königin Eier legt oder ob es eine Brutpause gibt. In ihren Händen liegt es auch, ob die alte Königin durch eine junge Nachfolgerin ersetzt wird. Doch bis dahin kann die Königin bis zu fünf Jahre alt werden und noch mehrfach mit einem Schwarm in ein neues Heim umziehen.

Die Königin wird 15-18 mm groß und ist mit ihren verhältnismäßig kleinen Flügeln und ihrem langen Hinterkörper leicht erkennbar – vorausgesetzt, man findet sie im Stockgewusel. Zur leichteren Auffindbarkeit wird sie daher oft mit einem bunten Klebeplättchen auf dem Rücken markiert.

DIE ENTWICKLUNG DER BIENEN

Vom Ei bis zur fertigen Biene durchläuft eine Arbeiterin einen Entwicklungszyklus von 21 Tagen, die Königin benötigt nur 16 Tage und ein Drohn 24 Tage. Bei der Durchsicht der Brutwaben findet man meist Brut in verschiedenen Stadien: Eier (Stifte), schnell wachsende Rundmaden in verschiedenen Größen und verdeckelte Brut, die sich in der Puppenruhe von der Larve zur Biene entwickelt. Anhand der Brutdurchsicht lässt sich beispielsweise ablesen, wie stark ein Volk wächst und ob es in Schwarmstimmung ist.

	ARBEITERIN	**DROHN**	**KÖNIGIN**
ORT	BRUTZELLE	DROHNENBRUTZELLE	WEISELZELLE
EI	BEFRUCHTET	UNBEFRUCHTET	BEFRUCHTET
OFFENE BRUT (STIFT UND LARVE)	9	9	8
VERDECKELTE BRUT (PUPPE)	12	15	8
ENTWICKLUNGSDAUER GESAMT	21	24	16
NAHRUNG DER LARVE	FUTTERSAFT UND BIENENBROT	FUTTERSAFT UND BIENENBROT	NUR FUTTERSAFT, „GELÉE ROYALE“

Stift — Rundmade — Larve — verdeckelte Brut im Puppenstadium — geschlüpfte Jungbiene

SCHWÄRMEN

„3 – 5 – 8, die Königin ist gemacht!" Das ist sicher der wichtigste und berühmteste Merksatz der Imkerei. Er beschreibt die Entwicklung der Königin und auch den Countdown für Schwärme. Drei Tage lang dauert die Entwicklungszeit der Königin als Ei, fünf Tage als Larve und acht Tage als Puppe. Nach nur 16 Tagen also ist die junge Königin schlupfreif, das Volk hat eine junge Prinzessin. Die alte Königin verlässt dann mit einem Teil des Staates das Nest und sucht eine neue Bleibe. Um zu vermeiden, dass auf einen Schlag das halbe Volk ausfliegt, kontrollieren Imker*innen die Völker in der „heißen Phase" daher jede Woche auf Weiselzellen.

AUFGABEN EINER ARBEITERBIENE

Die Sammelbienen, die wir auf Terrasse und Wiese zu Gesicht bekommen, sind vollreife Arbeiterinnen gegen Ende ihres kurzen Lebens. Tatsächlich hat eine Arbeiterin schon eine beachtliche Karriere hingelegt, bevor sie zur Sammlerin wird:

1.-2. LEBENSTAG	**PUTZBIENE:** REINIGT FREIGEWORDENE BRUTZELLEN.
3.-5. LEBENSTAG	**PFLEGEBIENE:** FÜTTERT ÄLTERE LARVEN MIT EINEM GEMISCH AUS POLLEN UND HONIG.
6.-12. LEBENSTAG	**AMMENBIENE:** FÜTTERT JUNGE LARVEN MIT FUTTERSAFT.
13.-18. LEBENSTAG	**BAUBIENE:** BAUT UND REPARIERT MITHILFE FEINSTER AUSGESCHWITZTER WACHSPLÄTTCHEN WABEN.
19.-21. LEBENSTAG	**WÄCHTERBIENE:** VERTEIDIGT DAS NEST GEGEN MÖGLICHE RÄUBER. DIE GIFTDRÜSEN EINER ARBEITERBIENE ENTWICKELN SICH ERST MIT ZUNEHMENDEM ALTER, SIE IST JETZT VOLLJÄHRIG UND BESONDERS WEHRHAFT.
22. LEBENSTAG BIS LEBENSENDE	ALS **SAMMELBIENE** TRÄGT DIE ARBEITERIN NUN BIS AN IHR LEBENSENDE UNERMÜDLICH WASSER, NEKTAR UND POLLEN FÜR DIE AUFZUCHT DER BRUT UND ALS WINTERVORRAT EIN. SIE FLIEGT DAZU IN EINEM UMKREIS VON BIS ZU DREI KILOMETERN.

Mehr als Honig! Pollen, Propolis und Co.

Denkt man an Bienenprodukte, so denkt man wahrscheinlich als Erstes an goldenen, zuckersüßen Honig. Dabei kann einem ein Bienenvolk noch viele andere wertvolle Rohstoffe liefern!

WUNDERMITTEL GELÉE ROYALE?

Als „Gelée royale" wird der Futtersaft bezeichnet, der für die Königinnen-Aufzucht verwendet wird. Der Nahrungssaft ist enorm gehaltvoll und reich an Vitaminen und Spurenelementen, erst durch ihn wird aus einer Arbeiterinnenlarve eine Bienenkönigin. In der Reformmedizin wird Gelée royale daher als Nahrungsergänzungsmittel und in Kosmetika angeboten und gilt als Stärkungs- und Schönheitsmittel. Die Gewinnung des Gelée royale erfolgt, indem man einem Bienenvolk die Königin entfernt. Dieses versucht verzweifelt, eine neue Königin heranzuziehen und produziert dafür größere Mengen Futtersaft. Dieser Eingriff bedeutet allerdings eine extreme Stresssituation für ein Bienenvolk und wird daher in der biologischen und naturnahen Imkerpraxis nicht getätigt. Auch ist die medizinische und kosmetische Wirkung als „Wundermittel" nicht bestätigt.

ALLZWECKMITTEL HONIG

Honig ist ein Allzweckmittel für viele Wehwehchen, die man selbst behandeln kann. Er hilft in warmer Milch beim Einschlafen und bei Halsschmerzen kann man damit gurgeln. Nicht jeder Honig hat die gleiche Wirkung. Die verschiedenen Honigsorten wirken ähnlich wie ihre Ausgangspflanzen. Ein Lindenblütenhonig wirkt schweißtreibend und hilft gut bei Husten und Erkältungen, ganz so wie der Tee aus Lindenblüten. Robinienhonig wird nachgesagt, dass er ganz ähnlich wie die Robinienblüten selbst verdauungsfördernd ist und gegen Sodbrennen wirkt. Zunehmend wird Honig auch als natürliches Mittel zur Vorbeugung von Allergien eingesetzt. Ein regional erzeugter Honig enthält viele der Pollen, denen wir im Frühling stark ausgesetzt sind. Der regelmäßige Genuss von Honig auch in der pollenarmen Jahreszeit kann dem Körper helfen, sich an Pollen zu gewöhnen und weniger allergisch zu reagieren. Zudem wird er natürlich schon seit Jahrhunderten zum Süßen von Speisen und Getränken, zum Backen und Brauen genutzt, wo er allem ein besonders feines und komplexes Aroma verleiht.

PROPOLIS - DIE STARKE ABWEHR DER BIENEN

Das stärkste Mittel aus dem Bienenstock ist aber sicher die Propolis. Das von Baumknospen wie Pappel, Weide, Kastanie oder der Rinde von Nadelbäumen geerntete Harz wird nur von wenigen Bienen im Volk gesammelt und mit Wachs und Pollen zu einer stark klebrigen und extrem färbenden Masse weiterverarbeitet. Propolis enthält ätherische Öle sowie Vitamine und Spurenelemente, Aminosäuren, Mineralstoffe und Pflanzenfarbstoffe. Propolis wirkt gegen Viren, Pilze und Bakterien und verhindert die Einschleppung von Erregern in den Stock.
Für eine Propolistinktur gibst du ca. 10 Gramm Propolis in ein Glas, dazu kommen 90 Gramm von 70-prozentigem Alkohol. Dieses Gemisch lässt du etwa zwei Wochen stehen, bevor du es durch einen Kaffeefilter filterst.
Die Tinktur kann bei Erkältungen mit Halsschmerzen in Tee gerührt werden, den man auch zum Gurgeln verwenden kann. Hilfreich ist Propolistinktur auch bei kleinen Verletzungen, wo man sie direkt auftupfen und damit die Heilung beschleunigen kann. Aber Vorsicht: Wie alle Bienenprodukte ist das nichts für Babys und Kleinkinder. Gegen Propolis kann es auch bei Erwachsenen heftige Allergien geben. Probiere die Tinktur mit einer ganz kleinen Menge am Unterarm aus und beobachte die Reaktion. Wenn es weder zu Rötungen, Juckreiz oder anderen unangenehmen Erscheinungen kommt, kann man die Tinktur getrost einsetzen.

SUPERFOOD POLLEN

Der Blütenstaub enthält die ganze Kraft der Pflanzen und vieles, was unserem Körper guttut, vor allem Vitamine, Aminosäuren, Mineralien und Spurenelemente. Getrocknete Pollen müssen vor dem Verzehr z. B. in Joghurt eingeweicht werden, um sie für den Körper optimal verfügbar zu machen.
Wenn du selbst Pollen mit einer Pollenfalle vor dem Flugloch deiner Bienen gewinnen möchtest, ist es ganz wichtig, diese täglich zu leeren und die Pollen sofort zu trocknen oder einzufrieren. Sie schimmeln extrem schnell und werden damit unbrauchbar.

WACHS

Bienenwachs fällt bei Imkerarbeiten immer an: Beim Entdeckeln der Honigwaben, beim Ausbrechen von Wildbau oder beim Aussortieren alter Brutwaben. Der gesammelte und gefilterte Rohstoff kann nach der sorgfältigen Reinigung der Wachsblöcke wieder für das Gießen von Mittelwänden oder aber, wie schon seit Jahrhunderten üblich, zur Herstellung hochwertiger Kerzen verwendet werden. Auch zur Herstellung von Kosmetik und für kleine Geschenke wie Teelichter oder Bienenwachstücher zur Lebensmittelkonservierung eignet sich das Naturprodukt hervorragend.

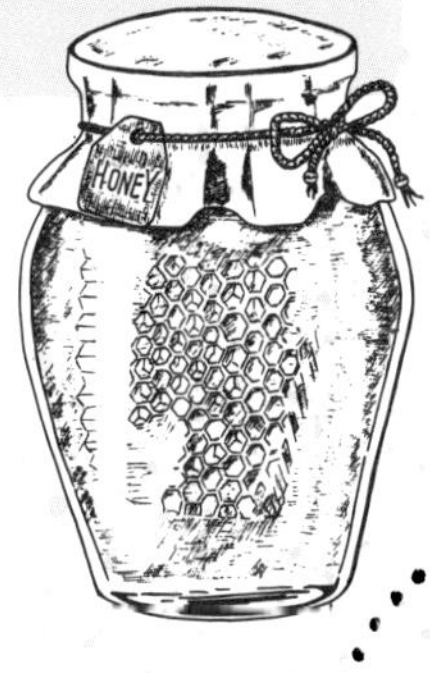

Bienenkrankheiten und -schädlinge

Auch Bienen werden krank. Während man bei dem Befall mit der Varroamilbe Einfluss nehmen kann, ist im Fall anderer Krankheiten oft nur noch wenig auszurichten. Wichtig und entscheidend ist daher die Prävention bei der Aufstellung und Pflege der Bienenvölker.

HAUPTBELASTUNG VARROAMILBE

Leider sind seit mehr als 30 Jahren alle Bienenvölker von einem aus Asien eingeschleppten Parasiten befallen, der Milbe *Varroa destructor*. Ohne Behandlung gegen den Milbenbefall sterben die Völker innerhalb weniger Jahre.

Die Milben saugen an den jungen Bienenlarven und an erwachsenen Bienen und schädigen und schwächen sie so massiv. Wie schlecht es dem Volk geht, hängt davon ab, mit wie vielen Milben es konfrontiert ist. Zu Beginn des Frühlings sind die Völker relativ gering befallen, da sich auch die Milbe während der Brutpause der Bienen im Winter nicht vermehren kann. Während des Frühlings und Sommers wächst die Zahl der Milben, es sind aber auch viele Bienen im Stock. Die Belastung pro Tier ist also nicht so hoch. Kritisch wird es im Herbst und Winter, wenn die Völker deutlich schrumpfen. Die Menge der Milben bleibt nämlich gleich, und die Belastung steigt dadurch enorm an. Unsere Aufgabe ist es deshalb, die Zahl der Milben immer wieder auf ein für die Bienen verträgliches Maß zu reduzieren.

Gemülldiagnose

Eine Behandlung mit Medikamenten und Säuren ist nicht nur für die Milben tödlich, sondern wirkt auch belastend auf die Bienen. Daher sollte man immer die sogenannten Schadschwellen beachten und vor jeder Behandlung eine Befallsdiagnose machen. Auch im Anschluss an jede Behandlung ist das sinnvoll. Nur so lässt sich abschätzen, ob eine Behandlung auch ausreichend gewirkt hat oder wiederholt werden muss, gegebenenfalls auch mit einem anderen Verfahren.

Kontrolle mittels Bodeneinlage

Bewährt hat sich die Befallskontrolle mittels einer Bodeneinlage. Dazu wird die Bodeneinlage für je drei Tage unter das Bienenvolk geschoben. Im Anschluss kannst du die herabgefallenen Milben zwischen dem übrigen Gemüll auf der Fläche zählen. Sofern im Juli nach dem Schleudern mehr als fünf bis zehn Milben herunterfallen, solltest du eine Behandlung planen. Im Oktober und November werden die Milben noch einmal gezählt. Jetzt müssen es deutlich weniger sein als im Sommer. Wenn im Schnitt mehr als eine halbe Milbe pro Tag fällt, muss auch eine Winterbehandlung stattfinden.

Varroabehandlung

Zur Behandlung stehen verschiedene synthetische Medikamente zur Verfügung, die meisten Imker*innen verwenden jedoch ausschließlich organische Säuren zur Milbenbekämpfung, vor allem Milchsäure, Oxalsäure und Ameisensäure. Jede dieser Säuren wirkt anders und wird zu einem anderen Zeitpunkt bei den verschiedenen Behandlungsschritten übers Jahr eingesetzt. Vor dem Schleudern kann man nicht mit Säuren oder Medikamenten behandeln, dann wäre der Honig nicht mehr zu gebrauchen. Im Frühjahr bleibt daher nur, dem Volk immer wieder Brut zu entnehmen und es dadurch von Milben zu entlasten. Dazu wird meist gezielt Drohnenbrut entnommen. Diese ist nämlich viel stärker von Milben befallen als die Arbeiterinnenbrut. Grund dafür ist die längere Entwicklungszeit der Drohnen, in der sich Milben besser vermehren können.

Nach dem Schleudern der Sommertracht kann mit Ameisensäure behandelt werden. Sie bietet den Vorteil, dass auch Milben in der Brut erfasst werden. Gleichzeitig ist diese Säure ein natürliches Mittel, das in geringen Mengen in jedem Bienenvolk vorkommt. Rückstände bei der Honigernte im nächsten Jahr sind nicht zu befürchten.

Tipp

Seit Januar 2022 gilt eine Bestandsbuchpflicht über alle angewendeten Bienenmedikamente, es müssen also die Anwendung der Varroabehandlungsmittel dokumentiert und die Kaufbelege aufgehoben werden. (Du kannst zur Dokumentation die Übersicht zur Schädlingsbehandlung auf S. 94 nutzen).

WEITERE BIENENKRANKHEITEN

Bienen können von einer Vielzahl von Krankheiten betroffen sein. Meist sind die Erreger in fast jedem Volk vorhanden. Aber das Immunsystem dieses Superorganismus ist auch sehr schlagkräftig. Allein durch ihren antibiotisch wirkenden Speichel und den fast flächendeckenden Einsatz der ebenfalls antibiotisch wirkenden Propolis sind die Bienen gut gerüstet. Die meisten Krankheiten sind nur für geschwächte Völker ein Problem.

Sorgfältige Vorbeugung

Aufgabe des Imkers ist es, dem Ausbruch von Krankheiten möglichst vorzubeugen:

* Achte bei allen Völkern auf die Wabenhygiene. In alten Waben sammeln sich auch Krankheitserreger. Verwende nur sauberes Wachs für neue Mittelwände und desinfiziere Rähmchen, Beuten und Geräte regelmäßig. Bei Holzbeuten geht das am einfachsten durch Abflammen mit dem Heißluftföhn, Styroporbeuten und Rähmchen bekommst du mit Natronlauge sauber.

* Sorge für einen sonnigen, warmen Standort deiner Bienen. Auch ein gutes Kleinklima ist der Gesundheit förderlich.

* Füttere rechtzeitig und ausreichend. Hunger schwächt die Völker enorm.

* Bleibe am Ball bei der konsequenten Bekämpfung der Varroamilbe, mit der kommen die Bienen kaum alleine zurecht, und der Milbenbefall ist ein Einfallstor für weitere Krankheitserreger.

Nosema

Eine Durchfallerkrankung der Bienen ist die Nosema, die meist im Frühjahr auftritt. Sie wird daher auch Frühjahrsschwindsucht genannt. Die Entwicklung der Völker ist schlecht und verzögert. Gefördert wird diese Krankheit durch stark schwankende Witterungsbedingungen. Bei starken Völkern ist die Selbstheilung meist kein Problem. Zur Vorbeugung öffne deine Völker unbedingt erst nach dem Reinigungsflug im Frühjahr und bei Temperaturen über 12 °C. Durch die Störung koten die Tiere sonst im Stock ab, was den Ausbruch von Darmerkrankungen begünstigt.

Kalkbrut

Eine Pilzerkrankung der Brut ist die sogenannte Kalkbrut. Die toten Larven sind von einem weißen Pilz überzogen. Befallene Völker räumen die tote Brut aus dem Stock aus. Auch die Kalkbrut gilt als Faktorenkrankheit, die vor allem bei kalten, feuchten Witterungsbedingungen auftritt.

Vorbeugen kannst du hier vor allem durch die Wahl eines sonnigen, luftigen Standorts. Bei befallenen Völkern hilft es manchmal, diese auf eine Zarge einzuengen, um die Regulation des Stockklimas und die Wärmehaltung zu erleichtern. Durch Füttern kannst du versuchen, den Putztrieb anzuregen und die befallenen Larven so schneller aus dem Stock zu bekommen.

Falls das alles nichts nützt, solltest du die Königin ersetzen, denn scheinbar ist die Krankheit in Teilen auch genetisch bedingt. Von mit Kalkbrut befallenen Völkern sollten keinesfalls Ableger oder Königinnen nachgezogen werden.

Amerikanische Faulbrut
Sehr bedrohlich und anzeigepflichtig nach dem Bienenseuchengesetz ist die Bösartige oder Amerikanische Faulbrut, kurz AFB. Ein befallener Bienenstand muss saniert werden, d. h. um ihn wird ein seuchenrechtlich verbindlicher Sperrbezirk gezogen, aus dem weder Bienenvölker noch Ausrüstung entfernt werden dürfen.

Faulbrut erkennt man an einzelnen Brutzellen, die löchrig und eingesunken sind. Die Larven bilden eine schleimige Masse, die Fäden zieht, wenn man mit einem Streichholz o. Ä. hineinsticht. Der Geruch ist unangenehm säuerlich.

Faulbrutsporen werden durch Wachs und Bienen, durch Brut, aber auch durch Honig übertragen. Das ist der Grund, warum man niemals fremden Honig verfüttern darf. Gerade billige Honige aus Übersee sind oft mit Faulbrutsporen belastet.

Falls du den Verdacht auf Amerikanische Faulbrut hegst, hole dir unbedingt Hilfe und informiere deine zuständige Veterinärbehörde. In den Imkerverbänden stehen Gesundheitswarte bereit, die dir mit Rat und Tat zur Seite stehen. Man wird in einem solchen Fall nicht allein gelassen!

Tipp

Bevor Beuten und Rähmchen von kranken Völkern wiederverwendet werden können, müssen sie mit Natronlauge desinfiziert werden. Das ist auch bei gebrauchtem Material von anderen Imkern anzuraten.
Eine Alternative ist das Abflammen, das völlig ohne den Einsatz giftiger Substanzen auskommt. Bearbeite das Holz dazu mit einem Heißluftföhn oder mit offener Gasflamme so lange, bis es sich hellbraun färbt. Danach ist alles wieder einsatzbereit.

Das Bienenjahr

Anders als unsere Einteilung in die vier Jahreszeiten Frühling, Sommer, Herbst und Winter teilt sich das Imkerjahr in zehn Jahreszeiten ein. Diese orientieren sich an Witterungsbedingungen und Blühzeiten wichtiger Zeiger- und Trachtpflanzen.

DIE 10 JAHRESZEITEN

Die Phänologie (gr. „Lehre von der Erscheinung") teilt unsere vier Jahreszeiten in insgesamt 10 Zeitabschnitte. Diese sind nicht an kalendarische Tage, sondern an Naturphänomene gebunden. Der Sonnenstand, die Anzahl der täglichen Sonnenstunden und steigende oder sinkende Temperaturen haben Einfluss auf das Brutverhalten von Vögeln, die Blüh- und Reifephasen von Pflanzen und den Brut-, Sammel- und Schwarmdrang der Bienen.

Vorfrühling (ab Mitte Februar/Anfang März)
Die Haselnuss und Salweide blühen. Erste Frühblüher sind Krokus, Schneeglöckchen und Winterling. Bei Temperaturen über 12 °C fliegen Bienen zu Reinigungsflügen und sammeln erste Pollen. Die Königin beginnt mit der Eiablage.

Erstfrühling (ab Mitte März)
Die Forsythien blühen, bald darauf auch Johannis- und Stachelbeeren. Die ersten Wildbienen erscheinen. Im Bienenstock wird fleißig gebrütet.

Vollfrühling (ab Mitte/Ende April)
Die Obstbäume wie Kirsche, Pflaume und Apfel stehen in voller Blüte, auch die blühenden Rapsfelder werden unermüdlich beflogen. Hier finden die Bienen reichlich Nektar. Der erste Frühjahrshonig reift in den Waben.

Frühsommer (ab Mitte Mai/Anfang Juni)
Akazien (Robinien), Holunder und Flieder blühen. Für Imker*innen ist jetzt Hochsaison, der Schwarmtrieb muss kontrolliert werden, Ableger werden gebildet und spätestens jetzt wird der erste Honig geschleudert.

Hochsommer (ab Mitte Juni)
Die Sommerlinde blüht. Mit der Sommersonnenwende am 21. Juni beginnt der kalendarische Sommer. Die Tage werden aber nun wieder kürzer, bei den Bienen nimmt die Bruttätigkeit ab und das Volk bereitet sich langsam auf den Winter vor.

Wenn die Bienen genug Nahrung finden, kann kurz vor der Sommersonnenwende der Sommerhonig geschleudert werden.

Die phänologischen Jahreszeiten

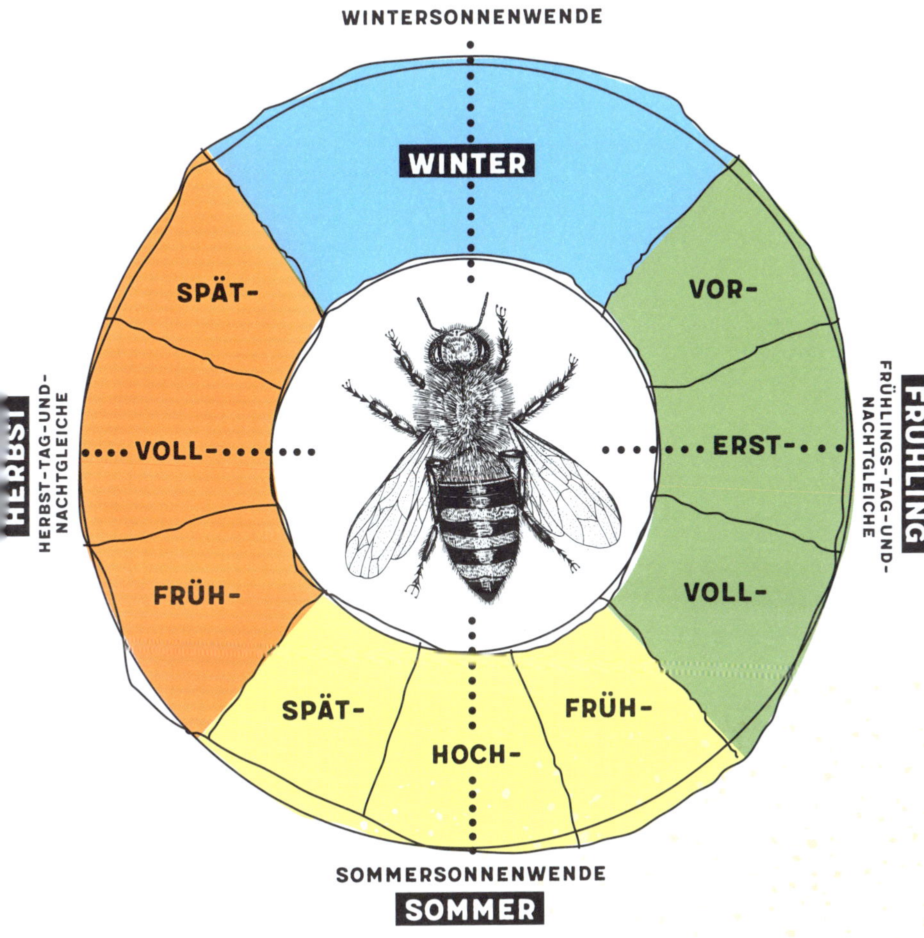

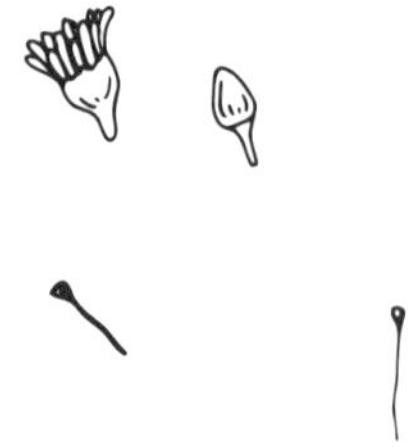

Spätsommer (ab Mitte Juli/Anfang August)
Die Heide blüht und die ersten Äpfel sind reif. Die Stärke der Bienenvölker geht zurück, dafür beginnt die Wespenzeit.

Frühherbst (ab Mitte August/Anfang September)
Viele Obst- und Gemüsesorten sind nun reif. Manche Kräuter und Herbstblumen blühen noch und liefern Nektar. Die Bienen sammeln ihren Wintervorrat. Wenn nötig, wird bereits zugefüttert.

Vollherbst (ab Mitte September)
Das Laub verfärbt sich bunt und Quitten, Walnüsse und Kastanie sind reif. Die Völker werden aufgefüttert und enger gesetzt.

Spätherbst (ab Mitte/Ende Oktober)
Die Bäume verlieren ihr Laub. Die Bienen sind aufgefüttert und eingewintert, die Winterruhe kehrt ein.

Winter (ab Mitte/Ende November)
Die Wintersonnwende am 21. Dezember kennzeichnet den kürzesten Tag und die längste Nacht des Jahres. Ab jetzt werden die Tage wieder länger. Bis zum Vorfrühling bleiben die Bienen in der Wintertraube und halten sich warm. Der Imker verbringt den Winter mit der Pflege des Imkermaterials und mit Wachsarbeiten.

ARBEITEN IM BIENENJAHR

Frühjahrsarbeiten

Im Februar und März fangen die Bienenvölker im Regelfall wieder an zu brüten. Die Brut braucht Temperaturen um 35 °C. Durch diesen Aufwand fürs Heizen steigt der Futterverbrauch enorm an.

> **Tipp**
>
> Schiebe auch im Frühjahr mal für drei Tage einen Varroaboden ein, daraus ergibt sich eine erste Abschätzung, wie stark ein Volk mit Milben belastet ist.

* **Futter als Starthilfe**
  Bereits im Februar ist es daher sinnvoll, den Futtervorrat der Völker zu kontrollieren. Hebe dazu die Kästen von hinten mit einer Federwaage an, um das Gewicht der Vorräte abzuschätzen. Mindestens zehn Kilogramm Futter sollten Ende Februar noch für dein Bienenvolk verfügbar sein. Im Notfall muss nachgefüttert werden. Geeignet sind dazu eigener Honig aus dem Vorjahr, Futterwaben von einem zu gut versorgten Nachbarvolk, die direkt neben die Bienen gehängt werden, aber auch Futtersirup.

* **Königinnensuche – werden Eier gelegt?**
  Nach dem ersten Reinigungsflug solltest du mal tiefer in den Bienenkasten schauen und auch Waben herausziehen. Die Kontrolle dient vor allem dazu, festzustellen, ob die Königin vorhanden ist und Eier legt. Sobald du Eier oder Brut findest, solltest du den Kasten wieder schließen.

* **Brutraumerweiterung bei Zander-Beuten**
  Um die Zeit der Salweidenblüte werden die Völker in Zander-Beuten, die nur auf einer Zarge überwintert haben, auch um den zweiten Brutraum erweitert.

* **Noch mehr Platz schaffen**
  Mit dem Beginn der Kirschblüte – meist im April – gehen die Erweiterungen weiter. Jetzt ist das Nektarangebot groß, die Völker sind in einer starken Phase und brauchen unbedingt Platz für den Frühjahrshonig. Beim Zander-Magazin wird wieder eine komplette Zarge als Honigraum aufgesetzt. Zwischen dem Brutraum und dem frischen Honigraum wird das Absperrgitter eingelegt, damit bleiben die Honigwaben hell und brutfrei.

* **Schwarmdrang beobachten**
  Im Mai geht es los mit den ersten Schwärmen bzw. mit den Versuchen der Imker, genau diese zu verhindern. Bei einem zeitigen schönen Frühling kann es aber auch im April schon so weit sein. Gleichzeitig werden die ersten Ableger gebildet und Drohnenrahmen geschnitten.

Sommer am Bienenstand

In den Monaten Juli und August – nach der Sommersonnenwende – werden die Tage schon wieder kürzer, und die Sonne verliert spätestens im September spürbar an Kraft. Die Bienen bereiten sich auf den Winter vor, es wird weniger gebrütet. Die Honigernte ist abgeschlossen.

* **Varroabehandlung**
  Nach dem Ernten des Sommerhonigs werden die Völker gegen die Varroamilbe behandelt, dies geschieht meist mit Ameisensäure.

* **Ordnung schaffen und verkleinern**
  Alte Waben werden aussortiert und die Zargen werden reduziert: Der Honigraum wird abgenommen und die Völker werden wieder auf eine Zarge eingeengt.

* **Zuckersirup füttern**
  Die durch die Honigernte entnommenen Wintervorräte müssen mit Zuckersirup ersetzt werden. Dies sollte möglichst bald nach der Honigernte geschehen, damit die Völker nicht in Not geraten. Zugleich wird so erreicht, dass die Sommerbienen noch die anstrengende Arbeit beim Einlagern des Futters übernehmen und die Wintermannschaft geschont wird.

Imkern im Herbst und Winter

Die letzten warmen Tage werden noch mal genutzt, um die Kotblase zu entleeren, in strengen Wintern gibt es ja durchaus mal mehrere Monate keine Gelegenheit zum Fliegen und damit keine Toilette. Die ausdauernden Winterbienen haben jetzt ihre Ruhephase. Aber bereits ab der Wintersonnenwende beginnt schon wieder die Vorbereitung auf den blühenden Frühling. Die erste Brut wird gepflegt, das Volk wächst bald wieder!

* **Wiegen und Vorräte auffüllen**
  Spätestens gegen Ende September sollten die Völker ausreichende Futtervorräte haben. In kalten Witterungsphasen nehmen sie kaum noch Futter an. Jetzt ist es Zeit, die Völker einmal zu wiegen und im Notfall die Vorräte noch zu ergänzen.

* **Varroamilben kontrollieren und behandeln**
  Ein Problem um diese Jahreszeit kann auch die Reinvasion durch Varroamilben sein. Schiebe daher noch mal für einige Tage die Bodenbretter in die Beuten ein, um überprüfen zu können, wie viele Milben fallen. Notfalls muss auch jetzt noch einmal behandelt werden.

* **Honig abfüllen und Materialien pflegen**
  Wenn die Bienen ruhen, hat der Imker Zeit, den geernteten Honig zu rühren und in Gläser abzufüllen. Auch Magazine, Rähmchen und Werkzeug können nun für das nächste Jahr vorbereitet werden: reinige, desinfiziere, repariere und ersetze, wenn nötig.

Isolierung

Speziell isolieren oder einpacken musst du deine Bienenvölker im Winter nicht. Wichtig ist ein dicht schließender Deckel, damit die von den Bienen mühsam erzeugte Wärme nicht nach oben entweichen kann.

Notizen

Trachtplan

Dieser Kalender listet einige der wichtigsten Bienenpflanzen auf. Wenn du in deiner Umgebung noch andere für deine Bienen interessante Pflanzen findest, kannst du sie in den leeren Zeilen am Ende der Tabelle ergänzen. Sobald du eine Pflanze blühen siehst, trägst du die Blütezeit in den Kalender ein, zum Beispiel: Haselnuss, 2. Woche Februar bis 3. Woche April. So behältst du übersichtlich im Blick, bei welchen Blüten deine Bienen gerade Pollen und Nektar finden, aus welcher Tracht dein geernteter Honig vermutlich besteht und ob deine Bienen immer gut mit Nahrung versorgt sind oder ob es Trachtlücken gibt.

Fett gedruckt sind die Blütenpflanzen, die entweder mit ihrem Pollenangebot ganz wichtig für den Aufbau der Bienenvölker sind, oder mit üppigem Nektar richtig viel Honig liefern (hier gibt es dann manchmal die Sortenhonige wie Raps, Edelkastanie, Heide oder Linde).

	JANUAR	FEBRUAR	MÄRZ	APRIL	MAI	J
HASELNUSS						
KROKUS						
SALWEIDE						
PRIMEL / SCHLÜSSELBLUME						
SILBERWEIDE						
LÖWENZAHN						
TAUB- UND GOLDNESSEL						
KIRSCHE, PFLAUME						
BIRKE						
KULTURAPFEL, BIRNE						
RAPS						
ROSSKASTANIE						
FLIEDER						
HIMBEERE						
ROBINIE / AKAZIE						
WEIßDORN						
SOMMERLINDE						
LAVENDEL						
(ROT- / WEIß-) KLEE						

Beispiel

	JANUAR	FEBRUAR	MÄRZ	APRIL	MAI
HASELNUSS					
KROKUS					
SALWEIDE					
PRIMEL / SCHLÜSSELBLUME					
SILBERWEIDE					

	AUGUST	SEPTEMBER	OKTOBER	NOVEMBER	DEZEMBER	NOTIZEN

	JANUAR	FEBRUAR	MÄRZ	APRIL	MAI
THYMIAN, OREGANO / DOST, ROSMARIN					
WIESEN-SALBEI					
SONNENBLUME					
CALENDULA / RINGELBLUME					
PHACELIA / BIENENFREUND					
EDELKASTANIE					
GOLDRUTE					
HEIDE					
DRÜSIGES SPRINGKRAUT					
EUODIA / BIENENBAUM					
EFEU					
SONNENHUT					
FETTHENNE					
TAGETES					

	AUGUST	SEPTEMBER	OKTOBER	NOVEMBER	DEZEMBER	NOTIZEN

Bienenfreundlich und naturnah gärtnern

Naturnah gärtnern heißt: einen summenden, bunten Garten voller Leben zu gestalten, in dem Honig- und Wildbienen, Hummeln, Schmetterlinge und andere Insekten sowie wilde Tiere wie Igel und Vögel Nahrung und Unterschlupf finden.

HONIGBIENEN UND WILDBIENEN

Es gibt über 500 Arten von Wildbienen und unzählige weitere Insektenarten. Sie alle sind für die Natur enorm wichtig. Einige sind ganz auf eine einzelne Pflanzenart spezialisiert, deren Überleben sie umgekehrt damit sichern. Andere, wie die Hummeln, bestäuben die Pflanzen schon bei viel niedrigeren Temperaturen als Honigbienen. Auch das sichert die Erträge von Obst und Gemüse. Kein Bauer kann die Bestäubung mit anderen Pflegemaßnahmen ersetzen, das geht nur mit den summenden Helfern. Unterstützen kannst du sie, indem du Ihnen Futterpflanzen und Nistplätze zur Verfügung stellst.

NEKTARPFLANZEN FÜR DEINE BIENEN

Wenn du bevorzugt bienenfreundliche Pflanzen im Garten und auf dem Balkon anpflanzen möchtest, hast du eine riesige Auswahl. Ganz früh im Jahr sind Krokusse, Schneeglöckchen und Winterlinge eine Freude für unser Herz und gleichzeitig ein guter Start für die Bienen.

Kräuter

Im Kräuterbeet und auf extensiv begrünten Dachflächen werden Borretsch und Rosmarin, Bohnenkraut, Ysop, Thymian und Oregano ganz intensiv beflogen. Lavendel wird vor allem von Hummeln sehr geliebt. Ein Blumenkasten mit mehrjährigen Küchenkräutern wie Dost, Bohnenkraut, Salbei oder Pfefferminze sowie blühendem Schnittlauch kann mehrere Jahre lang schön sein und ist gleichzeitig prima für Schmetterlinge, Hummeln und Wildbienen.

Sommerblumen

Wenn es schnell bunt werden soll, sind einjährige Sommerblumen das Richtige, farbenfrohe und fröhliche Beete erblühen innerhalb weniger Wochen. Da gibt es die Kapuzinerkresse, die man auch für Salat verwenden kann, oder die prachtvollen Stockrosen, den giftigen Fingerhut und die heilkräftigen Ringelblumen. Oder Mohn, Schmuckkörbchen, Jungfer im Grünen und Sonnenblumen.

Gehölze

In einem großen Garten ist vielleicht auch Platz für Bäume und Sträucher. Wertvoll sind hier Ahorn und Weiden, Haselsträucher und alte Efeubestände. Beim Obst sind Kirschbäume die erste Wahl für Bienen, aber auch Apfelbäume bieten viel Nektar und Pollen. Unter den Beerensträuchern sind Brombeeren und Himbeeren ideal für Bienen.

Tipp

Ungefüllte Rosenblüten sind unter den Gehölzen eine der besten Nahrungsquellen für Bienen!

Bienenblumen

Die Liste der Blumen für Garten und Balkon ist lang: Akelei und Astern, Wicken, Kugeldisteln und Zierlauch, Lilienarten und Blutweiderich sind nur einige Beispiele. Wichtig ist es dabei immer, auf ungefüllte Blüten zu achten. Nur sie liefern Pollen und Nektar so, dass die Tiere auch rankommen. Bei gefüllten Blütenköpfen wurden aus den ursprünglichen Staubgefäßen mit Pollen weitere dicht zusammenstehende Blütenblätter gezüchtet. Sie liefern kaum Pollen oder Nektar.

Gut zu wissen

Bienen sehen UV-Farben. Rot nehmen sie nicht wahr, aber Gelb und Ultraviolett ziehen sie magisch an. Typische Bienenblumen sind daher meist Blau, Violett oder Gelb.

RÜCKZUGSORTE SCHAFFEN

Sorge nicht nur für deine Honigsammlerinnen, sondern auch für die wilde Verwandtschaft! Im Garten kann man vielfältige Landschaften für Tiere schaffen, vom einfachen Sandhaufen bis zur Lehmwand, vom Steingarten bis zur Hecke und zum Totholzhaufen. In einem bunten und natürlichen Garten finden sich in den Nischen und Winkeln Reptilien, Vögel und Igel ein. Vergiss auch kleine Wasserstellen nicht, an denen Bienen und Vögel sich wohlfühlen.

Der beste Weg zu einem naturnahen Garten: einfach weniger aufräumen! Lasse Holzschnitt und Laubhaufen über den Winter als Unterschlupf liegen und biete Gartenbewohnern wilde Ecken in deinem Garten an. Das kommt nicht nur den Wildtieren zugute, sondern spart auch dir Zeit und Mühe.

Für alle, die Wildbienen gerne ausdauernd beobachten möchten, ist ein selbst gebasteltes Insektenhotel ideal. Die Wildbienen bilden meist keine Staaten wie die Honigbiene, sondern leben solitär. In einer Brutröhre legen sie die Eier einzeln ab, jedes von ihnen erhält einen Vorrat aus Pollen und Nektar, dann wird die Brutzelle verschlossen und das nächste Ei gelegt. Die kleinen Bienen reifen in ihren Brutzellen heran und überstehen dort auch den Winter, um im nächsten Frühjahr zu schlüpfen.

EIN INSEKTENHOTEL BAUEN

So gehst du beim Bauen vor: Sammle Pflanzenstängel von Weiden und Schilf oder verwende unbehandelten Bambus. Dieses Material wird als Bündel in die Nisthilfen eingesetzt. Eine weitere Möglichkeit ist es, Röhren mit unterschiedlichem Durchmesser in frischen Ton einzudrücken. Das geht ganz einfach mit einem Schraubenzieher, Bleistift oder einer Stricknadel. Wenn du Niströhren in Holz bohren möchtest, verwende stabiles Hartholz. Es splittert weniger, denn Holzsplitter können Insekten verletzen. Gebohrt wird aus diesem Grund immer quer zum Verlauf der Holzfasern, nicht ins Kopfholz.

Das gesamte Material wird am besten in einen stabilen Holzkasten eingebracht, der als Nässeschutz unbedingt auch ein abgeschrägtes Dach haben sollte. Es soll einerseits die Nesteingänge vor direktem Regen schützen und daher mindestens zwei bis drei Zentimeter überstehen. Gleichzeitig schützt es die Niströhren vor ständiger Feuchtigkeit, denn die würde sowohl der Brut als auch dem Pollenvorrat schaden.

Dann hängt man das Ganze am besten zur Südseite hin auf. Warm und geschützt, wie es auch die Honigbienen mögen. Oft sind schon nach wenigen Tagen die ersten Bewohner mit dem Einzug beschäftigt. Viel Freude beim Beobachten und Fotografieren!

Notizen

Notizen

Dokumentation

Hier findest du tabellarische Stockkarten, in denen du deine Durchsichten und Arbeiten am Bienenstock dokumentieren kannst. Zusätzlich gibt es praktische Übersichtslisten für deine Völker, die Honigernte, Einfütterung und die Schädlingsbehandlung. Damit hast du dein Bienenjahr immer im Blick!

Völkerübersicht

STOCKNUMMER /-NAME	KÖNIGIN: ABSTAMMUNG, ZUGESETZT, MARKIERUNG	STANDORT	BEMERKUNGEN ZUM VORJAHR	BEMERKUNG

Stockkarten: So gehts

Die Stockkarten helfen dir, immer den Überblick über deine Bienen zu behalten. So siehst du auf einen Blick, wie sich dein Volk entwickelt, welche Eingriffe du bereits getätigt hast und welche Maßnahmen du für die Zukunft planst.

STANDORT Wiesenweg, Blumstadt **BEUTENR.** 7 **BETRIEBSJAHR** 2022

WETTER		BEFUND							
DATUM	WETTER TEMPERATUR LUFTFEUCHTIGKEIT	TEMPERAMENT 1 - SEHR SANFT 2 - SANFT 3 - BÖSE 4 - SEHR BÖSE	AKTIVITÄT / WABENSITZ 1 - SEHR RUHIG 2 - RUHIG 3 - LÄUFT 4 - LÄUFT STARK	SCHWARMNEIGUNG 1 - KEINE 2 - VORHANDEN 3 - EINGRIFF GETÄTIGT 4 - GESCHWÄRMT	VOLKSTÄRKE 1 - SEHR STARK 2 - STARK 3 - DURCHSCHNITTLICH 4 - SCHWACH	BRUT S	 L	 V	SCHÄDLINGE
4.5.22	Sonnig, 16°, 74 %	2	3	2	2	√	√	√	X
17.6.22	Sonnig, 25°, 73 %	1	2	1	3	√	√	√	X
22.9.	Bedeckt, 18°, 82 %	2	2	1	3	√	√	√	√ Varroagemüll: 7

Hier ist Platz für das Datum und die Witterung bei deiner Durchsicht.

Alles in Ordnung? Wie verhalten sich die Bienen bei der Durchsicht, wie stark erscheint das Volk, wie ist die Bruttätigkeit des Volkes und kannst du Schädlinge wie Wachsmotten, deren Larven, oder Varroamilben entdecken?

LEGENDE ABKÜRZUNGEN: Stifte (S), Larven (L), Verdeckelt (V), Brutwabe (BW), Futterwabe (FW), Baurahmen (BR), Rahmen mit Mittelwand (MW), Ausgebaute Wabe (AW)

Von welchem Volk reden wir überhaupt? Notiere dir hier den Standort und die Beutenummer. Gib Name, Nummer oder Plättchenfarbe deiner Königin an. Notiere dir auch, welches Betriebsjahr du dokumentierst.

KÖNIGIN Hedda **ZUGESETZT** Juni 2021

EINGRIFFE | NOTIZEN

GEGEBEN (+) GENOMMEN (-)				FÜTTERUNG (MENGE UND TYP)	ERNTE (MENGE UND TYP)	SCHÄDLINGSBEHANDLUNG			NOTIZEN
						MEDIKAMENT	DOSIS	ANWENDUNGSDAUER	
2 BW	+2 MW								Weiselzelle gebrochen, Schwarmverhinderung nächste Woche ggf. per Flugling einplanen
6 FW	+1 AW				Raps, 4,5 kg				Zuchtstoff (Weiselnäpfchen) eingehängt
				Zuckerteig, 2 kg					Wachsmotte gesehen, Wabenlager überprüfen, ggf. Behandlung mit Essig oder Ameisensäure

Wie reagierst du auf den Befund? Notiere dir hier, wenn du Waben entnimmst oder zugibst, Honig erntest, fütterst oder gegen Schädlinge behandelst.

Hier ist Platz für weitere Beobachtungen oder Eingriffe, die du für die Zukunft planen möchtest.

STANDORT .... **BEUTENR.** .... **BETRIEBSJAHR** ....

WETTER

BEFUND

DATUM	WETTER TEMPERATUR LUFTFEUCH-TIGKEIT	TEMPE-RAMENT 1 - SEHR SANFT 2 - SANFT 3 - BÖSE 4 - SEHR BÖSE	AKTIVITÄT / WABENSITZ 1 - SEHR RUHIG 2 - RUHIG 3 - LÄUFT 4 - LÄUFT STARK	SCHWARM-NEIGUNG 1 - KEINE 2 - VORHANDEN 3 - EINGRIFF GETÄTIGT 4 -GESCHWÄRMT	VOLK-STÄRKE 1 - SEHR STARK 2 - STARK 3 - DURCH-SCHNITTLICH 4 - SCHWACH	BRUT			SCHÄ LINC
						S	L	V	

KÖNIGIN .... **ZUGESETZT** ....

EINGRIFFE **NOTIZEN**

EGEBEN (+) ENOMMEN (-)				FÜTTE-RUNG (MENGE UND TYP)	ERNTE (MENGE UND TYP)	SCHÄDLINGSBEHANDLUNG			
						MEDI-KAMENT	DOSIS	ANWEN-DUNGS-DAUER	

LEGENDE ABKÜRZUNGEN Stifte (S), Larven (L), Verdeckelt (V), Brutwabe (BW), Futterwabe (FW), Baurahmen (BR), Rahmen mit Mittelwand (MW), Ausgebaute Wabe (AW)

STANDORT .... **BEUTENR.** .... **BETRIEBSJAHR** ....

WETTER

BEFUND

DATUM	WETTER TEMPERATUR LUFTFEUCH-TIGKEIT	TEMPE-RAMENT 1 - SEHR SANFT 2 - SANFT 3 - BÖSE 4 - SEHR BÖSE	AKTIVITÄT / WABENSITZ 1 - SEHR RUHIG 2 - RUHIG 3 - LÄUFT 4 - LÄUFT STARK	SCHWARM-NEIGUNG 1 - KEINE 2 - VORHANDEN 3 - EINGRIFF GETÄTIGT 4 -GESCHWÄRMT	VOLK-STÄRKE 1 - SEHR STARK 2 - STARK 3 - DURCH-SCHNITTLICH 4 - SCHWACH	BRUT			SCHÄ-LING
						S	L	V	

KÖNIGIN .... **ZUGESETZT** ....

EINGRIFFE

NOTIZEN

EGEBEN (+) ENOMMEN (-)				FÜTTE-RUNG (MENGE UND TYP)	ERNTE (MENGE UND TYP)	SCHÄDLINGSBEHANDLUNG			NOTIZEN
						MEDI-KAMENT	DOSIS	ANWEN-DUNGS-DAUER	

LEGENDE ABKÜRZUNGEN Stifte (S), Larven (L), Verdeckelt (V), Brutwabe (BW), Futterwabe (FW), Baurahmen (BR), Rahmen mit Mittelwand (MW), Ausgebaute Wabe (AW)

STANDORT .... **BEUTENR.** .... **BETRIEBSJAHR** ....

WETTER

BEFUND

DATUM	WETTER TEMPERATUR LUFTFEUCH- TIGKEIT	TEMPE- RAMENT 1 - SEHR SANFT 2 - SANFT 3 - BÖSE 4 - SEHR BÖSE	AKTIVITÄT / WABENSITZ 1 - SEHR RUHIG 2 - RUHIG 3 - LÄUFT 4 - LÄUFT STARK	SCHWARM- NEIGUNG 1 - KEINE 2 - VORHANDEN 3 - EINGRIFF GETÄTIGT 4 - GESCHWÄRMT	VOLK- STÄRKE 1 - SEHR STARK 2 - STARK 3 - DURCH-SCHNITTLICH 4 - SCHWACH	BRUT			SCHÄ LIN
						S	L	V	

KÖNIGIN .... **ZUGESETZT** ....

EINGRIFFE

EGEBEN (+) NOMMEN (-)			FÜTTE-RUNG (MENGE UND TYP)	ERNTE (MENGE UND TYP)	SCHÄDLINGSBEHANDLUNG			NOTIZEN
					MEDI-KAMENT	DOSIS	ANWEN-DUNGS-DAUER	

LEGENDE ABKÜRZUNGEN Stifte (S), Larven (L), Verdeckelt (V), Brutwabe (BW), Futterwabe (FW), Baurahmen (BR), Rahmen mit Mittelwand (MW), Ausgebaute Wabe (AW)

STANDORT .... **BEUTENR.** .... **BETRIEBSJAHR** ....

WETTER

BEFUND

DATUM	WETTER TEMPERATUR LUFTFEUCHTIGKEIT	TEMPERAMENT 1 - SEHR SANFT 2 - SANFT 3 - BÖSE 4 - SEHR BÖSE	AKTIVITÄT/ WABENSITZ 1 - SEHR RUHIG 2 - RUHIG 3 - LÄUFT 4 - LÄUFT STARK	SCHWARMNEIGUNG 1 - KEINE 2 - VORHANDEN 3 - EINGRIFF GETÄTIGT 4 - GESCHWÄRMT	VOLKSTÄRKE 1 - SEHR STARK 2 - STARK 3 - DURCHSCHNITTLICH 4 - SCHWACH	BRUT			SCHÄ LING
						S	L	V	

KÖNIGIN .... **ZUGESETZT** ....

EINGRIFFE

NOTIZEN

GEGEBEN (+) ENOMMEN (-)			FÜTTE-RUNG (MENGE UND TYP)	ERNTE (MENGE UND TYP)	SCHÄDLINGSBEHANDLUNG			
					MEDI-KAMENT	DOSIS	ANWEN-DUNGS-DAUER	

LEGENDE ABKÜRZUNGEN Stifte (S), Larven (L), Verdeckelt (V), Brutwabe (BW), Futterwabe (FW), Baurahmen (BR), Rahmen mit Mittelwand (MW), Ausgebaute Wabe (AW)

STANDORT .... **BEUTENR.** .... **BETRIEBSJAHR** ....

WETTER

BEFUND

DATUM	WETTER TEMPERATUR LUFTFEUCHTIGKEIT	TEMPERAMENT 1 - SEHR SANFT 2 - SANFT 3 - BÖSE 4 - SEHR BÖSE	AKTIVITÄT / WABENSITZ 1 - SEHR RUHIG 2 - RUHIG 3 - LÄUFT 4 - LÄUFT STARK	SCHWARMNEIGUNG 1 - KEINE 2 - VORHANDEN 3 - EINGRIFF GETÄTIGT 4 - GESCHWÄRMT	VOLKSTÄRKE 1 - SEHR STARK 2 - STARK 3 - DURCHSCHNITTLICH 4 - SCHWACH	BRUT			SCHÄDLING
						S	L	V	

KÖNIGIN .... **ZUGESETZT** ....

EINGRIFFE

NOTIZEN

GEGEBEN (+) ENOMMEN (-)				FÜTTERUNG (MENGE UND TYP)	ERNTE (MENGE UND TYP)	SCHÄDLINGSBEHANDLUNG			NOTIZEN
						MEDIKAMENT	DOSIS	ANWENDUNGSDAUER	

LEGENDE ABKÜRZUNGEN Stifte (S), Larven (L), Verdeckelt (V), Brutwabe (BW), Futterwabe (FW), Baurahmen (BR), Rahmen mit Mittelwand (MW), Ausgebaute Wabe (AW)

STANDORT .... **BEUTENR.** .... **BETRIEBSJAHR** ....

WETTER

BEFUND

DATUM	WETTER TEMPERATUR LUFTFEUCHTIGKEIT	TEMPERAMENT 1 - SEHR SANFT 2 - SANFT 3 - BÖSE 4 - SEHR BÖSE	AKTIVITÄT / WABENSITZ 1 - SEHR RUHIG 2 - RUHIG 3 - LÄUFT 4 - LÄUFT STARK	SCHWARMNEIGUNG 1 - KEINE 2 - VORHANDEN 3 - EINGRIFF GETÄTIGT 4 - GESCHWÄRMT	VOLKSTÄRKE 1 - SEHR STARK 2 - STARK 3 - DURCHSCHNITTLICH 4 - SCHWACH	BRUT			SCHÄ LING
						S	L	V	

KÖNIGIN ....

ZUGESETZT ....

EINGRIFFE

NOTIZEN

EGEBEN (+) ENOMMEN (-)				FÜTTE-RUNG (MENGE UND TYP)	ERNTE (MENGE UND TYP)	SCHÄDLINGSBEHANDLUNG			
						MEDI-KAMENT	DOSIS	ANWEN-DUNGS-DAUER	

LEGENDE ABKÜRZUNGEN Stifte (S), Larven (L), Verdeckelt (V), Brutwabe (BW), Futterwabe (FW), Baurahmen (BR), Rahmen mit Mittelwand (MW), Ausgebaute Wabe (AW)

STANDORT .... BEUTENR. .... BETRIEBSJAHR ....

WETTER

BEFUND

DATUM	WETTER TEMPERATUR LUFTFEUCHTIGKEIT	TEMPERAMENT 1 - SEHR SANFT 2 - SANFT 3 - BÖSE 4 - SEHR BÖSE	AKTIVITÄT / WABENSITZ 1 - SEHR RUHIG 2 - RUHIG 3 - LÄUFT 4 - LÄUFT STARK	SCHWARMNEIGUNG 1 - KEINE 2 - VORHANDEN 3 - EINGRIFF GETÄTIGT 4 - GESCHWÄRMT	VOLKSTÄRKE 1 - SEHR STARK 2 - STARK 3 - DURCHSCHNITTLICH 4 - SCHWACH	BRUT			SCHÄ LINC
						S	L	V	

KÖNIGIN .... **ZUGESETZT** ....

EINGRIFFE

NOTIZEN

EGEBEN (+) ENOMMEN (-)				FÜTTE-RUNG (MENGE UND TYP)	ERNTE (MENGE UND TYP)	SCHÄDLINGSBEHANDLUNG			
						MEDI-KAMENT	DOSIS	ANWEN-DUNGS-DAUER	

LEGENDE ABKÜRZUNGEN Stifte (S), Larven (L), Verdeckelt (V), Brutwabe (BW), Futterwabe (FW), Baurahmen (BR), Rahmen mit Mittelwand (MW), Ausgebaute Wabe (AW)

STANDORT .... **BEUTENR.** .... **BETRIEBSJAHR** ....

WETTER

BEFUND

DATUM	WETTER TEMPERATUR LUFTFEUCHTIGKEIT	TEMPERAMENT 1 - SEHR SANFT 2 - SANFT 3 - BÖSE 4 - SEHR BÖSE	AKTIVITÄT / WABENSITZ 1 - SEHR RUHIG 2 - RUHIG 3 - LÄUFT 4 - LÄUFT STARK	SCHWARM-NEIGUNG 1 - KEINE 2 - VORHANDEN 3 - EINGRIFF GETÄTIGT 4 - GESCHWÄRMT	VOLKSTÄRKE 1 - SEHR STARK 2 - STARK 3 - DURCHSCHNITTLICH 4 - SCHWACH	BRUT			SCHÄ- LING
						S	L	V	

KÖNIGIN .... **ZUGESETZT** ....

EINGRIFFE

NOTIZEN

GEGEBEN (+) ENOMMEN (-)	FÜTTE-RUNG (MENGE UND TYP)	ERNTE (MENGE UND TYP)	SCHÄDLINGSBEHANDLUNG			NOTIZEN
			MEDI-KAMENT	DOSIS	ANWEN-DUNGS-DAUER	

LEGENDE ABKÜRZUNGEN Stifte (S), Larven (L), Verdeckelt (V), Brutwabe (BW), Futterwabe (FW), Baurahmen (BR), Rahmen mit Mittelwand (MW), Ausgebaute Wabe (AW)

STANDORT .... **BEUTENR.** .... **BETRIEBSJAHR** ....

WETTER

BEFUND

DATUM	WETTER TEMPERATUR LUFTFEUCH-TIGKEIT	TEMPE-RAMENT 1 - SEHR SANFT 2 - SANFT 3 - BÖSE 4 - SEHR BÖSE	AKTIVITÄT / WABENSITZ 1 - SEHR RUHIG 2 - RUHIG 3 - LÄUFT 4 - LÄUFT STARK	SCHWARM-NEIGUNG 1 - KEINE 2 - VORHANDEN 3 - EINGRIFF GETÄTIGT 4 -GESCHWÄRMT	VOLK-STÄRKE 1 - SEHR STARK 2 - STARK 3 - DURCH-SCHNITTLICH 4 - SCHWACH	BRUT			SCHÄ LING
						S	L	V	

KÖNIGIN ....

ZUGESETZT ....

EINGRIFFE

NOTIZEN

GEGEBEN (+) ENOMMEN (-)				FÜTTERUNG (MENGE UND TYP)	ERNTE (MENGE UND TYP)	SCHÄDLINGSBEHANDLUNG			NOTIZEN
						MEDIKAMENT	DOSIS	ANWENDUNGSDAUER	

LEGENDE ABKÜRZUNGEN Stifte (S), Larven (L), Verdeckelt (V), Brutwabe (BW), Futterwabe (FW), Baurahmen (BR), Rahmen mit Mittelwand (MW), Ausgebaute Wabe (AW)

STANDORT .... **BEUTENR.** .... **BETRIEBSJAHR** ....

WETTER

BEFUND

DATUM	WETTER TEMPERATUR LUFTFEUCHTIGKEIT	TEMPERAMENT 1 - SEHR SANFT 2 - SANFT 3 - BÖSE 4 - SEHR BÖSE	AKTIVITÄT / WABENSITZ 1 - SEHR RUHIG 2 - RUHIG 3 - LÄUFT 4 - LÄUFT STARK	SCHWARMNEIGUNG 1 - KEINE 2 - VORHANDEN 3 - EINGRIFF GETÄTIGT 4 - GESCHWÄRMT	VOLKSTÄRKE 1 - SEHR STARK 2 - STARK 3 - DURCHSCHNITTLICH 4 - SCHWACH	BRUT			SCHÄ… LING…
						S	L	V	

KÖNIGIN .... **ZUGESETZT** ....

EINGRIFFE

NOTIZEN

EGEBEN (+) ENOMMEN (-)				FÜTTE-RUNG (MENGE UND TYP)	ERNTE (MENGE UND TYP)	SCHÄDLINGSBEHANDLUNG			
						MEDI-KAMENT	DOSIS	ANWEN-DUNGS-DAUER	

LEGENDE ABKÜRZUNGEN Stifte (S), Larven (L), Verdeckelt (V), Brutwabe (BW), Futterwabe (FW), Baurahmen (BR), Rahmen mit Mittelwand (MW), Ausgebaute Wabe (AW)

STANDORT .... **BEUTENR.** .... **BETRIEBSJAHR** ....

WETTER

BEFUND

DATUM	WETTER TEMPERATUR LUFTFEUCHTIGKEIT	TEMPERAMENT 1 - SEHR SANFT 2 - SANFT 3 - BÖSE 4 - SEHR BÖSE	AKTIVITÄT / WABENSITZ 1 - SEHR RUHIG 2 - RUHIG 3 - LÄUFT 4 - LÄUFT STARK	SCHWARM-NEIGUNG 1 - KEINE 2 - VORHANDEN 3 - EINGRIFF GETÄTIGT 4 - GESCHWÄRMT	VOLKSTÄRKE 1 - SEHR STARK 2 - STARK 3 - DURCHSCHNITTLICH 4 - SCHWACH	BRUT S	BRUT L	BRUT V	SCHÄ LIN

KÖNIGIN ....

ZUGESETZT ....

EINGRIFFE

NOTIZEN

EGEBEN (+) ENOMMEN (-)			FÜTTERUNG (MENGE UND TYP)	ERNTE (MENGE UND TYP)	SCHÄDLINGSBEHANDLUNG			NOTIZEN
					MEDIKAMENT	DOSIS	ANWENDUNGSDAUER	

LEGENDE ABKÜRZUNGEN Stifte (S), Larven (L), Verdeckelt (V), Brutwabe (BW), Futterwabe (FW), Baurahmen (BR), Rahmen mit Mittelwand (MW), Ausgebaute Wabe (AW)

STANDORT .... **BEUTENR.** .... **BETRIEBSJAHR** ....

WETTER

BEFUND

DATUM	WETTER TEMPERATUR LUFTFEUCHTIGKEIT	TEMPERAMENT 1 - SEHR SANFT 2 - SANFT 3 - BÖSE 4 - SEHR BÖSE	AKTIVITÄT / WABENSITZ 1 - SEHR RUHIG 2 - RUHIG 3 - LÄUFT 4 - LÄUFT STARK	SCHWARM-NEIGUNG 1 - KEINE 2 - VORHANDEN 3 - EINGRIFF GETÄTIGT 4 - GESCHWÄRMT	VOLKSTÄRKE 1 - SEHR STARK 2 - STARK 3 - DURCHSCHNITTLICH 4 - SCHWACH	BRUT			SCHÄ LING
						S	L	V	

KÖNIGIN ……………………………… **ZUGESETZT** ………………

EINGRIFFE

NOTIZEN

GEGEBEN (+) ENOMMEN (-)	FÜTTE-RUNG (MENGE UND TYP)	ERNTE (MENGE UND TYP)	SCHÄDLINGSBEHANDLUNG			
			MEDI-KAMENT	DOSIS	ANWEN-DUNGS-DAUER	

LEGENDE ABKÜRZUNGEN Stifte (S), Larven (L), Verdeckelt (V), Brutwabe (BW), Futterwabe (FW), Baurahmen (BR), Rahmen mit Mittelwand (MW), Ausgebaute Wabe (AW)

STANDORT .... **BEUTENR.** .... **BETRIEBSJAHR** ....

WETTER

BEFUND

DATUM	WETTER TEMPERATUR LUFTFEUCHTIGKEIT	TEMPERAMENT 1 - SEHR SANFT 2 - SANFT 3 - BÖSE 4 - SEHR BÖSE	AKTIVITÄT / WABENSITZ 1 - SEHR RUHIG 2 - RUHIG 3 - LÄUFT 4 - LÄUFT STARK	SCHWARMNEIGUNG 1 - KEINE 2 - VORHANDEN 3 - EINGRIFF GETÄTIGT 4 - GESCHWÄRMT	VOLKSTÄRKE 1 - SEHR STARK 2 - STARK 3 - DURCHSCHNITTLICH 4 - SCHWACH	BRUT			SCHÄD LING
						S	L	V	

KÖNIGIN .... **ZUGESETZT** ....

EINGRIFFE

NOTIZEN

GEGEBEN (+) ENOMMEN (-)			FÜTTERUNG (MENGE UND TYP)	ERNTE (MENGE UND TYP)	SCHÄDLINGSBEHANDLUNG			NOTIZEN
					MEDIKAMENT	DOSIS	ANWENDUNGSDAUER	

LEGENDE ABKÜRZUNGEN Stifte (S), Larven (L), Verdeckelt (V), Brutwabe (BW), Futterwabe (FW), Baurahmen (BR), Rahmen mit Mittelwand (MW), Ausgebaute Wabe (AW)

STANDORT .... **BEUTENNR.** .... **BETRIEBSJAHR** ....

WETTER

BEFUND

DATUM	WETTER TEMPERATUR LUFTFEUCHTIGKEIT	TEMPERAMENT 1 - SEHR SANFT 2 - SANFT 3 - BÖSE 4 - SEHR BÖSE	AKTIVITÄT / WABENSITZ 1 - SEHR RUHIG 2 - RUHIG 3 - LÄUFT 4 - LÄUFT STARK	SCHWARMNEIGUNG 1 - KEINE 2 - VORHANDEN 3 - EINGRIFF GETÄTIGT 4 - GESCHWÄRMT	VOLKSTÄRKE 1 - SEHR STARK 2 - STARK 3 - DURCHSCHNITTLICH 4 - SCHWACH	BRUT			SCHÄ… LING
						S	L	V	

KÖNIGIN ....

ZUGESETZT ....

EINGRIFFE

NOTIZEN

GEGEBEN (+) ENOMMEN (-)				FÜTTERUNG (MENGE UND TYP)	ERNTE (MENGE UND TYP)	SCHÄDLINGSBEHANDLUNG			
						MEDIKAMENT	DOSIS	ANWENDUNGSDAUER	

LEGENDE ABKÜRZUNGEN Stifte (S), Larven (L), Verdeckelt (V), Brutwabe (BW), Futterwabe (FW), Baurahmen (BR), Rahmen mit Mittelwand (MW), Ausgebaute Wabe (AW)

STANDORT .... **BEUTENR.** .... **BETRIEBSJAHR** ....

WETTER

BEFUND

DATUM	WETTER TEMPERATUR LUFTFEUCHTIGKEIT	TEMPERAMENT 1 - SEHR SANFT 2 - SANFT 3 - BÖSE 4 - SEHR BÖSE	AKTIVITÄT / WABENSITZ 1 - SEHR RUHIG 2 - RUHIG 3 - LÄUFT 4 - LÄUFT STARK	SCHWARMNEIGUNG 1 - KEINE 2 - VORHANDEN 3 - EINGRIFF GETÄTIGT 4 -GESCHWÄRMT	VOLKSTÄRKE 1 - SEHR STARK 2 - STARK 3 - DURCHSCHNITTLICH 4 - SCHWACH	BRUT			SCHÄ LING
						S	L	V	

KÖNIGIN .... **ZUGESETZT** ....

EINGRIFFE

NOTIZEN

GEGEBEN (+) ENOMMEN (-)				FÜTTERUNG (MENGE UND TYP)	ERNTE (MENGE UND TYP)	SCHÄDLINGSBEHANDLUNG			NOTIZEN
						MEDIKAMENT	DOSIS	ANWENDUNGSDAUER	

LEGENDE ABKÜRZUNGEN Stifte (S), Larven (L), Verdeckelt (V), Brutwabe (BW), Futterwabe (FW), Baurahmen (BR), Rahmen mit Mittelwand (MW), Ausgebaute Wabe (AW)

STANDORT ………………………… **BEUTENR.** ………… **BETRIEBSJAHR** …………

WETTER

BEFUND

DATUM	WETTER TEMPERATUR LUFTFEUCH- TIGKEIT	TEMPE- RAMENT 1 - SEHR SANFT 2 - SANFT 3 - BÖSE 4 - SEHR BÖSE	AKTIVITÄT / WABENSITZ 1 - SEHR RUHIG 2 - RUHIG 3 - LÄUFT 4 - LÄUFT STARK	SCHWARM- NEIGUNG 1 - KEINE 2 - VORHANDEN 3 - EINGRIFF GETÄTIGT 4 - GESCHWÄRMT	VOLK- STÄRKE 1 - SEHR STARK 2 - STARK 3 - DURCH- SCHNITTLICH 4 - SCHWACH	BRUT			SCHÄ LING
						S	L	V	

KÖNIGIN ....

ZUGESETZT ....

EINGRIFFE

NOTIZEN

EGEBEN (+) ENOMMEN (-)			FÜTTERUNG (MENGE UND TYP)	ERNTE (MENGE UND TYP)	SCHÄDLINGSBEHANDLUNG			NOTIZEN
					MEDIKAMENT	DOSIS	ANWENDUNGSDAUER	

LEGENDE ABKÜRZUNGEN Stifte (S), Larven (L), Verdeckelt (V), Brutwabe (BW), Futterwabe (FW), Baurahmen (BR), Rahmen mit Mittelwand (MW), Ausgebaute Wabe (AW)

STANDORT .... BEUTENR. .... BETRIEBSJAHR ....

WETTER

BEFUND

DATUM	WETTER TEMPERATUR LUFTFEUCHTIGKEIT	TEMPERAMENT 1 - SEHR SANFT 2 - SANFT 3 - BÖSE 4 - SEHR BÖSE	AKTIVITÄT / WABENSITZ 1 - SEHR RUHIG 2 - RUHIG 3 - LÄUFT 4 - LÄUFT STARK	SCHWARMNEIGUNG 1 - KEINE 2 - VORHANDEN 3 - EINGRIFF GETÄTIGT 4 -GESCHWÄRMT	VOLKSTÄRKE 1 - SEHR STARK 2 - STARK 3 - DURCHSCHNITTLICH 4 - SCHWACH	BRUT S	BRUT L	BRUT V	SCHÄ… LIN…

KÖNIGIN .... **ZUGESETZT** ....

EINGRIFFE

NOTIZEN

EGEBEN (+) NOMMEN (-)			FÜTTERUNG (MENGE UND TYP)	ERNTE (MENGE UND TYP)	SCHÄDLINGSBEHANDLUNG			
					MEDIKAMENT	DOSIS	ANWENDUNGSDAUER	

LEGENDE ABKÜRZUNGEN Stifte (S), Larven (L), Verdeckelt (V), Brutwabe (BW), Futterwabe (FW), Baurahmen (BR), Rahmen mit Mittelwand (MW), Ausgebaute Wabe (AW)

STANDORT .... **BEUTENR.** .... **BETRIEBSJAHR** ....

WETTER

BEFUND

DATUM	WETTER TEMPERATUR LUFTFEUCH-TIGKEIT	TEMPE-RAMENT 1 - SEHR SANFT 2 - SANFT 3 - BÖSE 4 - SEHR BÖSE	AKTIVITÄT / WABENSITZ 1 - SEHR RUHIG 2 - RUHIG 3 - LÄUFT 4 - LÄUFT STARK	SCHWARM-NEIGUNG 1 - KEINE 2 - VORHANDEN 3 - EINGRIFF GETÄTIGT 4 -GESCHWÄRMT	VOLK-STÄRKE 1 - SEHR STARK 2 - STARK 3 - DURCH-SCHNITTLICH 4 - SCHWACH	BRUT			SCHÄ LIN
						S	L	V	

KÖNIGIN .... **ZUGESETZT** ....

EINGRIFFE

NOTIZEN

·EGEBEN (+) ·ENOMMEN (-)			FÜTTERUNG (MENGE UND TYP)	ERNTE (MENGE UND TYP)	SCHÄDLINGSBEHANDLUNG			NOTIZEN
					MEDIKAMENT	DOSIS	ANWENDUNGSDAUER	

LEGENDE ABKÜRZUNGEN Stifte (S), Larven (L), Verdeckelt (V), Brutwabe (BW), Futterwabe (FW), Baurahmen (BR), Rahmen mit Mittelwand (MW), Ausgebaute Wabe (AW)

STANDORT .... **BEUTENR.** .... **BETRIEBSJAHR** ....

WETTER

BEFUND

DATUM	WETTER TEMPERATUR LUFTFEUCH-TIGKEIT	TEMPE-RAMENT 1 - SEHR SANFT 2 - SANFT 3 - BÖSE 4 - SEHR BÖSE	AKTIVITÄT / WABENSITZ 1 - SEHR RUHIG 2 - RUHIG 3 - LÄUFT 4 - LÄUFT STARK	SCHWARM-NEIGUNG 1 - KEINE 2 - VORHANDEN 3 - EINGRIFF GETÄTIGT 4 -GESCHWÄRMT	VOLK-STÄRKE 1 - SEHR STARK 2 - STARK 3 - DURCH-SCHNITTLICH 4 - SCHWACH	BRUT			SCHÄ LING
						S	L	V	

KÖNIGIN .... **ZUGESETZT** ....

EINGRIFFE

NOTIZEN

EGEBEN (+) ENOMMEN (-)			FÜTTERUNG (MENGE UND TYP)	ERNTE (MENGE UND TYP)	SCHÄDLINGSBEHANDLUNG			NOTIZEN
					MEDIKAMENT	DOSIS	ANWENDUNGSDAUER	

LEGENDE ABKÜRZUNGEN Stifte (S), Larven (L), Verdeckelt (V), Brutwabe (BW), Futterwabe (FW), Baurahmen (BR), Rahmen mit Mittelwand (MW), Ausgebaute Wabe (AW)

STANDORT .... **BEUTENR.** .... **BETRIEBSJAHR** ....

WETTER

BEFUND

DATUM	WETTER TEMPERATUR LUFTFEUCHTIGKEIT	TEMPERAMENT 1 - SEHR SANFT 2 - SANFT 3 - BÖSE 4 - SEHR BÖSE	AKTIVITÄT/ WABENSITZ 1 - SEHR RUHIG 2 - RUHIG 3 - LÄUFT 4 - LÄUFT STARK	SCHWARMNEIGUNG 1 - KEINE 2 - VORHANDEN 3 - EINGRIFF GETÄTIGT 4 - GESCHWÄRMT	VOLKSTÄRKE 1 - SEHR STARK 2 - STARK 3 - DURCHSCHNITTLICH 4 - SCHWACH	BRUT			SCHÄ LING
						S	L	V	

KÖNIGIN .... **ZUGESETZT** ....

EINGRIFFE

NOTIZEN

GEGEBEN (+) ENOMMEN (-)			FÜTTERUNG (MENGE UND TYP)	ERNTE (MENGE UND TYP)	SCHÄDLINGSBEHANDLUNG			
					MEDIKAMENT	DOSIS	ANWENDUNGSDAUER	

LEGENDE ABKÜRZUNGEN Stifte (S), Larven (L), Verdeckelt (V), Brutwabe (BW), Futterwabe (FW), Baurahmen (BR), Rahmen mit Mittelwand (MW), Ausgebaute Wabe (AW)

STANDORT .... **BEUTENR.** .... **BETRIEBSJAHR** ....

WETTER

BEFUND

DATUM	WETTER TEMPERATUR LUFTFEUCH-TIGKEIT	TEMPE-RAMENT 1 - SEHR SANFT 2 - SANFT 3 - BÖSE 4 - SEHR BÖSE	AKTIVITÄT / WABENSITZ 1 - SEHR RUHIG 2 - RUHIG 3 - LÄUFT 4 - LÄUFT STARK	SCHWARM-NEIGUNG 1 - KEINE 2 - VORHANDEN 3 - EINGRIFF GETÄTIGT 4 - GESCHWÄRMT	VOLK-STÄRKE 1 - SEHR STARK 2 - STARK 3 - DURCH-SCHNITTLICH 4 - SCHWACH	BRUT			SCHÄ[…] LING[…]
						S	L	V	

KÖNIGIN ……………………………………………… **ZUGESETZT** ………………

EINGRIFFE

NOTIZEN

EGEBEN (+) ENOMMEN (-)				FÜTTE-RUNG (MENGE UND TYP)	ERNTE (MENGE UND TYP)	SCHÄDLINGSBEHANDLUNG			NOTIZEN
						MEDI-KAMENT	DOSIS	ANWEN-DUNGS-DAUER	

LEGENDE ABKÜRZUNGEN Stifte (S), Larven (L), Verdeckelt (V), Brutwabe (BW), Futterwabe (FW), Baurahmen (BR), Rahmen mit Mittelwand (MW), Ausgebaute Wabe (AW)

STANDORT .... **BEUTENR.** .... **BETRIEBSJAHR** ....

WETTER

BEFUND

DATUM	WETTER TEMPERATUR LUFTFEUCH- TIGKEIT	TEMPE- RAMENT 1 - SEHR SANFT 2 - SANFT 3 - BÖSE 4 - SEHR BÖSE	AKTIVITÄT / WABENSITZ 1 - SEHR RUHIG 2 - RUHIG 3 - LÄUFT 4 - LÄUFT STARK	SCHWARM- NEIGUNG 1 - KEINE 2 - VORHANDEN 3 - EINGRIFF GETÄTIGT 4 - GESCHWÄRMT	VOLK- STÄRKE 1 - SEHR STARK 2 - STARK 3 - DURCH-SCHNITTLICH 4 - SCHWACH	BRUT			SCHÄ LING
						S	L	V	

KÖNIGIN .... **ZUGESETZT** ....

EINGRIFFE **NOTIZEN**

EGEBEN (+) ENOMMEN (-)			FÜTTE-RUNG (MENGE UND TYP)	ERNTE (MENGE UND TYP)	SCHÄDLINGSBEHANDLUNG			
					MEDI-KAMENT	DOSIS	ANWEN-DUNGS-DAUER	

LEGENDE ABKÜRZUNGEN Stifte (S), Larven (L), Verdeckelt (V), Brutwabe (BW), Futterwabe (FW), Baurahmen (BR), Rahmen mit Mittelwand (MW), Ausgebaute Wabe (AW)

STANDORT .... **BEUTENR.** .... **BETRIEBSJAHR** ....

WETTER

BEFUND

DATUM	WETTER TEMPERATUR LUFTFEUCH-TIGKEIT	TEMPE-RAMENT 1 - SEHR SANFT 2 - SANFT 3 - BÖSE 4 - SEHR BÖSE	AKTIVITÄT / WABENSITZ 1 - SEHR RUHIG 2 - RUHIG 3 - LÄUFT 4 - LÄUFT STARK	SCHWARM-NEIGUNG 1 - KEINE 2 - VORHANDEN 3 - EINGRIFF GETÄTIGT 4 - GESCHWÄRMT	VOLK-STÄRKE 1 - SEHR STARK 2 - STARK 3 - DURCH-SCHNITTLICH 4 - SCHWACH	BRUT			SCHÄ LING
						S	L	V	

KÖNIGIN .... **ZUGESETZT** ....

EINGRIFFE

NOTIZEN

EGEBEN (+) ENOMMEN (-)	FÜTTERUNG (MENGE UND TYP)	ERNTE (MENGE UND TYP)	SCHÄDLINGSBEHANDLUNG			NOTIZEN
			MEDIKAMENT	DOSIS	ANWENDUNGSDAUER	

LEGENDE ABKÜRZUNGEN Stifte (S), Larven (L), Verdeckelt (V), Brutwabe (BW), Futterwabe (FW), Baurahmen (BR), Rahmen mit Mittelwand (MW), Ausgebaute Wabe (AW)

STANDORT .... **BEUTENR.** .... **BETRIEBSJAHR** ....

WETTER

BEFUND

DATUM	WETTER TEMPERATUR LUFTFEUCH-TIGKEIT	TEMPE-RAMENT 1 - SEHR SANFT 2 - SANFT 3 - BÖSE 4 - SEHR BÖSE	AKTIVITÄT / WABENSITZ 1 - SEHR RUHIG 2 - RUHIG 3 - LÄUFT 4 - LÄUFT STARK	SCHWARM-NEIGUNG 1 - KEINE 2 - VORHANDEN 3 - EINGRIFF GETÄTIGT 4 - GESCHWÄRMT	VOLK-STÄRKE 1 - SEHR STARK 2 - STARK 3 - DURCH-SCHNITTLICH 4 - SCHWACH	BRUT			SCHÄ LING
						S	L	V	

KÖNIGIN .... **ZUGESETZT** ....

EINGRIFFE

NOTIZEN

EGEBEN (+) ENOMMEN (-)			FÜTTERUNG (MENGE UND TYP)	ERNTE (MENGE UND TYP)	SCHÄDLINGSBEHANDLUNG			NOTIZEN
					MEDIKAMENT	DOSIS	ANWENDUNGSDAUER	

LEGENDE ABKÜRZUNGEN Stifte (S), Larven (L), Verdeckelt (V), Brutwabe (BW), Futterwabe (FW), Baurahmen (BR), Rahmen mit Mittelwand (MW), Ausgebaute Wabe (AW)

STANDORT .... **BEUTENR.** .... **BETRIEBSJAHR** ....

WETTER

BEFUND

DATUM	WETTER TEMPERATUR LUFTFEUCH- TIGKEIT	TEMPE- RAMENT 1 - SEHR SANFT 2 - SANFT 3 - BÖSE 4 - SEHR BÖSE	AKTIVITÄT / WABENSITZ 1 - SEHR RUHIG 2 - RUHIG 3 - LÄUFT 4 - LÄUFT STARK	SCHWARM- NEIGUNG 1 - KEINE 2 - VORHANDEN 3 - EINGRIFF GETÄTIGT 4 - GESCHWÄRMT	VOLK- STÄRKE 1 - SEHR STARK 2 - STARK 3 - DURCH-SCHNITTLICH 4 - SCHWACH	BRUT			SCHÄ LING
						S	L	V	

KÖNIGIN .... **ZUGESETZT** ....

EINGRIFFE

NOTIZEN

[G]EGEBEN (+) [E]NOMMEN (-)				FÜTTE-RUNG (MENGE UND TYP)	ERNTE (MENGE UND TYP)	SCHÄDLINGSBEHANDLUNG			
						MEDI-KAMENT	DOSIS	ANWEN-DUNGS-DAUER	

LEGENDE ABKÜRZUNGEN Stifte (S), Larven (L), Verdeckelt (V), Brutwabe (BW), Futterwabe (FW), Baurahmen (BR), Rahmen mit Mittelwand (MW), Ausgebaute Wabe (AW)

STANDORT .... **BEUTENR.** .... **BETRIEBSJAHR** ....

WETTER

BEFUND

DATUM	WETTER TEMPERATUR LUFTFEUCH-TIGKEIT	TEMPE-RAMENT 1 - SEHR SANFT 2 - SANFT 3 - BÖSE 4 - SEHR BÖSE	AKTIVITÄT / WABENSITZ 1 - SEHR RUHIG 2 - RUHIG 3 - LÄUFT 4 - LÄUFT STARK	SCHWARM-NEIGUNG 1 - KEINE 2 - VORHANDEN 3 - EINGRIFF GETÄTIGT 4 -GESCHWÄRMT	VOLK-STÄRKE 1 - SEHR STARK 2 - STARK 3 - DURCH-SCHNITTLICH 4 - SCHWACH	BRUT			SCHÄ-LING
						S	L	V	

KÖNIGIN .... **ZUGESETZT** ....

EINGRIFFE **NOTIZEN**

…EGEBEN (+) …ENOMMEN (-)				FÜTTE-RUNG (MENGE UND TYP)	ERNTE (MENGE UND TYP)	SCHÄDLINGSBEHANDLUNG			NOTIZEN
						MEDI-KAMENT	DOSIS	ANWEN-DUNGS-DAUER	

LEGENDE ABKÜRZUNGEN Stifte (S), Larven (L), Verdeckelt (V), Brutwabe (BW), Futterwabe (FW), Baurahmen (BR), Rahmen mit Mittelwand (MW), Ausgebaute Wabe (AW)

Übersicht Honigernte

VOLK-NUMMER/NAME	DATUM	HONIG-ERNTE IN KILO-GRAMM	TRACHT-TYP	VOR-JAHRES-LEISTUNG	ABSATZ/VERKAUF (MENGE, PREIS, ABNEHMER)	BEMER-KUNG

VOLK-NUMMER/ NAME	DATUM	HONIG-ERNTE IN KILO-GRAMM	TRACHT-TYP	VOR-JAHRES-LEISTUNG	ABSATZ/ VERKAUF (MENGE, PREIS, ABNEHMER)	BEMER-KUNG

Übersicht Fütterung

VOLKNUMMER /-NAME	DATUM	MENGE	ART	BEMERKUNG

VOLKNUMMER /-NAME	DATUM	MENGE	ART	BEMERKUNG

Schädlingsbehandlung

VOLK-NUMMER /-NAME	DATUM	DIAGNOSE	BEHANDLUNG			ERGEBNIS	WIEDER-HOLUNG NÖTIG	BEMER-KUNG
			MITTEL	DOSIS	DAUER			

VOLK-NUMMER/-NAME	DATUM	DIAGNOSE	BEHANDLUNG			ERGEBNIS	WIEDER-HOLUNG NÖTIG	BEMER-KUNG
			MITTEL	DOSIS	DAUER			

Notizen

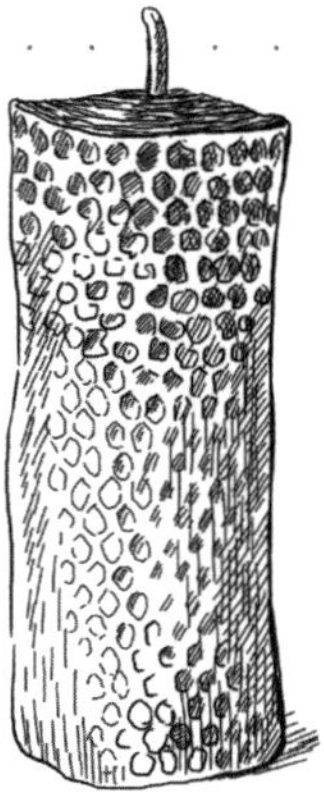

Notizen

Notizen

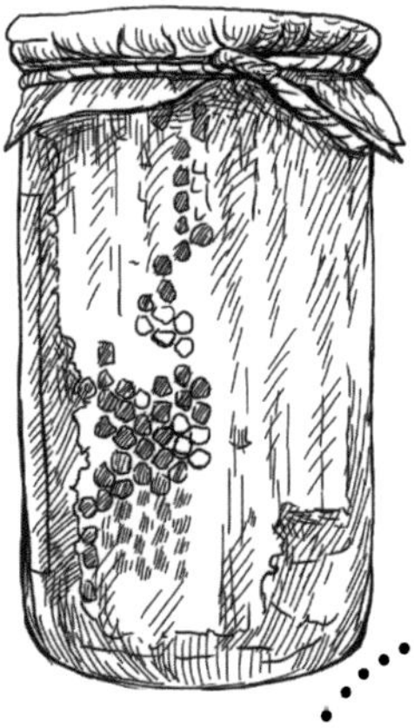

Rechtliches rund um Bienen

Wem gehört ein ausgeflogener Bienenschwarm? Was muss ich beim Verkaufen oder Verschenken meines erzeugten Honigs beachten? Muss ich meine Nachbarn informieren, wenn ich Bienen halten möchte? Rund um Bienen gibt es eine Reihe von Regeln und Gesetzen zu beachten, die hier knapp aufgeführt werden. Für weitere und stets aktuelle Informationen wendest du dich am besten an deinen Imkerverein oder an offizielle Webseiten, zum Beispiel von der LWG Bayern: www.lwg.bayern.de.

BIENEN HALTEN UND PFLEGEN

Grundsätzlich ist es ratsam, einem örtlichen Imkerverein beizutreten, wenn du mit der Bienenhaltung anfängst. Dort erhältst du bei Fragen und Problemen Unterstützung von erfahrenen Imker*innen, und du wirst über wichtige Richtlinien und Gesetzesänderungen informiert. Zudem ist es eine tolle Möglichkeit, Gleichgesinnte zu treffen und sich über ein gemeinsames Hobby auszutauschen. Einige wichtige Vorschriften, die es beim Imkern zu beachten gibt, sind:

Bienenstände müssen dem örtlichen Veterinäramt gemeldet werden. Dieses muss auch informiert werden, wenn Krankheiten auftreten (siehe Seite 10, Bienenkrankheiten). Die Anmeldung deiner Bienen übernimmt manchmal auch der Imkerverein für dich.

BIENEN AUF DEM BALKON?

Die Bienenhaltung ist in Deutschland zunächst einmal generell erlaubt. „Verbotene Gebiete“ gibt es nicht. Du darfst also grundsätzlich auch in der Stadt deine Bienen einfach aufstellen. Prinzipiell ist es auch möglich, Bienen auf dem Balkon zu halten. Informiere davor aber unbedingt deine Nachbarn und Vermieter. Ideal ist dann ein Süd-, West- oder Ostbalkon, der wind- und wettergeschützt liegt. Bedenke außerdem, dass der Flugverkehr der sammelnden Bienen nicht zu unterschätzen ist und an geschäftigen Sommertagen schnell den Genuss des grünen Wohnzimmers trüben kann.

Obwohl Bienenstände im Grunde überall aufgestellt werden dürfen, sind sie bei uns oft sehr dezent und etwas versteckt untergebracht. Man achtet für gewöhnlich schon darauf, die Fluglöcher nicht unbedingt in Richtung des Grundstückszauns auszurichten, sondern eher nach innen. In manchen Bundesländern gibt es zudem Regelungen zum Mindestabstand in Richtung Grundstücksgrenze, informiere dich daher bitte, ob es solche Auflagen auch für deine Region gibt.

Steuern für Imker

Um das Thema Steuern muss man sich als Hobbyimker erst mal keine Sorgen machen. Die wenigsten Imker*innen werden aus ihrem Hobby Gewinne erzielen, die für das Finanzamt von Interesse sind. Bei unter 30 Völkern kann man meist davon ausgehen, dass das nicht der Fall ist. Das sehen auch die Finanzämter so. Die Einnahmen aus dem Honigverkauf einer kleinen Imkerei bleiben also steuerfrei, gleichzeitig kannst du aber die Kosten deiner Imkerei nicht von der Steuer absetzen.

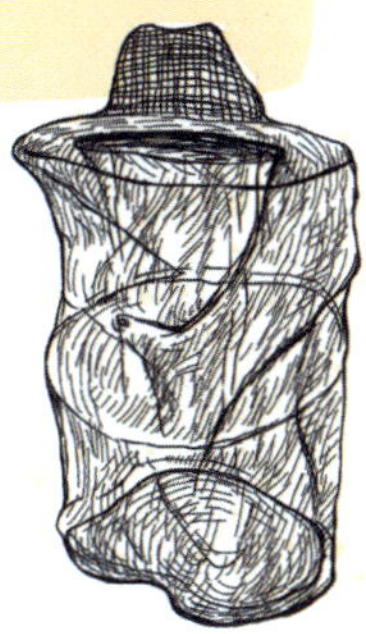

HONIG VERKAUFEN

Viele Imker verschenken einen Teil ihres Honigs an Freunde und Familie, schließlich haben Generationen von Sommerbienen dafür gearbeitet, und er ist sicher nicht für einen allein gedacht. Deinen eigenen Honig darfst du auch verkaufen, die Imkerei gilt als Urproduktion und muss daher z. B. nicht als Gewerbe angemeldet werden. Allerdings ist man auch als Imker*in für seine Produkte verantwortlich und haftet für eventuelle Schäden. Eine Gefahrenquelle können z. B. Glassplitter im Honig sein. Daher die Gläser vor dem Abfüllen unbedingt aufmerksam kontrollieren! Grundsätzlich handelt es sich bei Honig um ein Lebensmittel, er sollte also immer unter hygienischen Bedingungen verarbeitet und abgefüllt werden.

Die richtige Etikettierung

Wenn du deinen Honig verkaufen möchtest, ist es wichtig, dass die Gläser beim Abfüllen gewogen werden. Die Gewichtsangaben auf den Gläsern müssen stimmen. Und da die Honiggläser eine Fertigverpackung sind, braucht man auch ein nach den gesetzlichen Regelungen korrektes Etikett. Enthalten sein muss im Sichtfeld des Kunden unbedingt die Produktbezeichnung, also „Honig“, auch die Anschrift des Herstellers, das Ursprungsland, und die Menge in Gramm sind Pflicht. Auch ein Mindesthaltbarkeitsdatum muss angegeben werden. Bei richtiger Verarbeitung und Lagerung ist Honig sehr lange haltbar, viele Imker geben aber etwa zwei Jahre als Haltbarkeitsdatum an. Beim Preis reicht es, wenn dieser am Regal oder Verkaufstisch für den Käufer erkennbar ist. Auf dem Etikett absolut verboten ist jede gesundheitsbezogene Werbung – also z. B. „Honig hilft gegen Husten“.

Auf S. 106 findest du einige Vorlagen für Honigglas-Etiketten, die du kopieren, ausfüllen und für deinen Honig verwenden kannst.

BIO IN DER IMKEREI

Oft wird gefragt, ob es Bio-Honig denn überhaupt geben kann. Denn natürlich fliegen die Bienen nicht nur auf die Flächen von zertifizierten Bio-Landwirten. Sie haben einen Flugradius von etwa drei Kilometern, manchmal werden aber auch deutlich weitere Strecken zurückgelegt. Kein Imker kann daher kontrollieren, wo die Bienen ihren Nektar und ihren Pollen sammeln. Den Unterschied beim Bio-Imkern macht der Imker:

Verwendung von Bio-Wachs
Bio-Imker*innen verwenden ausschließlich eigenes Wachs oder Bio-Wachs oder lassen ihre Bienen alles im Naturbau aus frischem Wachs errichten. Frisches Wachs ist wichtig, denn einerseits ist es eine Frage der Hygiene und damit auch der Lebensmittelhygiene. Andererseits reichern sich in altem Wachs fettlösliche Schadstoffe an, die weder den Bienen guttun noch den Honigessern. Damit dient sauberes Wachs als Lebensraum der Gesundheit der Bienenvölker.

Die Fütterung
In der Bio-Imkerei werden die Bienen entweder mit eigenem Honig oder mit Bio-Zucker gefüttert. In den vergangenen Jahren wurde der Bio-Zucker nicht selten aus Übersee importiert. Zum Glück legen aber immer mehr Menschen Wert auf die regionale Erzeugung von Lebensmitteln und so steigt in den letzten Jahren auch in Deutschland und Europa die Erzeugung von Bio-Zucker sowie von Wachs aus Öko-Betrieben.

Verzicht auf konventionelle Arzneimittel
Schließlich – und das ist die wichtigste Quelle für den möglichen Eintrag von Schadstoffen in den Honig – verzichten Bio-Imker auf konventionelle Arzneimittel zur Bekämpfung der Varroamilbe. Sie greifen dazu ausschließlich auf organische Säuren zurück, wie Ameisen-, Milch- und Oxalsäure, die alle keine Rückstände im Honig oder im Wachs hinterlassen.

Bio-Richtlinien
Weitere Merkmale der Bio-Imkerei sind z. B. die ausschließliche Verwendung von Holzbeuten oder anderen natürlichen Materialien und das Verbot, die Flügel der Königinnen zu beschneiden. Generell sollen Bienen auch nach den Bio-Richtlinien nur in Gebieten aufgestellt werden, in denen sie einen weitgehend natürlichen, schadstoffarmen Lebensraum mit einer abwechslungsreichen Tracht vorfinden. Die Mindestanforderungen an eine Bio-Imkerei sind in den EU-Öko-Verordnungen festgeschrieben, darüber hinaus gibt es strengere Richtlinien von den verschiedenen Verbänden im Ökolandbau, wie z. B. Bioland, Naturland oder Demeter. Nur wer seine Imkerei nach diesen Verordnungen zertifizieren lässt, darf den erzeugten Honig als Öko- oder Bio-Honig deklarieren und verkaufen.

Tipp

Viele Imker*innen wirtschaften schon immer sehr weitgehend in Übereinstimmung mit den Vorschriften über die Bio-Bienenhaltung, scheuen aber den zusätzlichen Aufwand einer jährlichen Zertifizierung.

Vorlagen: Honig-Etikett

Auf dieser Seite findest du Vorlagen für deine Honigglas-Etiketten. Du kannst sie kopieren, ausfüllen und aufkleben. Beachte, dass Honig für den Verkauf immer mit der Adresse des Imkers, dem Herkunftsland, dem Abfüllgewicht und einem Mindesthaltbarkeitsdatum beschriftet werden muss. Viel Spaß beim Verschenken, Verkaufen und Genießen deines eigenen Honigs!

Wunschliste

Einen neuen Stockmeißel zu Weihnachten, ein Paar guter Handschuhe zum Geburtstag und eine Handvoll neuer Rähmchen jetzt sofort? Der Start ins Imkern kann teuer werden, wenn man sich die Grundausrüstung besorgen will oder Material ergänzen und ersetzen muss. Notiere dir hier alle deine Wünsche für dein Imkerjahr und behalte den Überblick, was du noch benötigst.

WUNSCH	PREIS

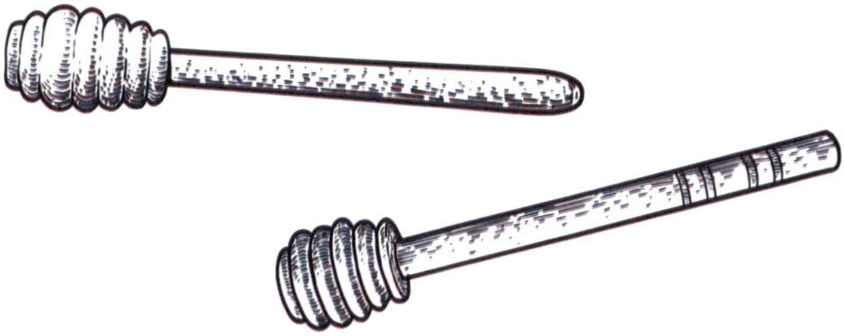

DRINGEND NÖTIG	NICE TO HAVE	ERLEDIGT

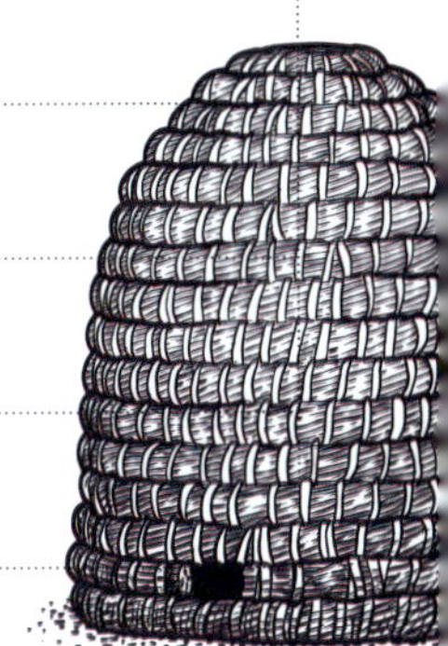

Glossar

ABLEGER
Vermehrung eines Bienenvolks durch den Imker. Einige Waben mit Brut und Bienen kommen in eine neue Beute. Die Bienen ziehen sich aus jungen Larven selbst eine Königin nach oder bekommen eine vom Imker zugesetzt. Auch in der Natur vermehrt sich ein Bienenvolk durch Teilung. In diesem Falle verlässt aber die Königin mit einem Teil des Volks den Kasten. Die verbliebenen Bienen ziehen sich auch da eine junge Königin nach.

ABSPERRGITTER
Das Gitter trennt Brutraum und Honigraum. Dadurch bleiben die Waben im Honigraum brutfrei, da die – etwas dickere – Königin nicht durchs 4,2 Millimeter breite Gitter passt und daher dort keine Eier legen kann.

BEE-SPACE
Natürlicher Abstand zwischen zwei Naturwaben, der auch bei künstlichen Rähmchen eingehalten wird, um zu verhindern, dass die Waben fest aneinander gebaut werden. Der Wabenabstand beträgt immer 35 Millimeter.

BEUTE
Allgemeine Bezeichnung für einen Bienenkasten.

BIEN
Damit ist der Superorganismus des Bienenvolks gemeint. Er besteht aus vielen Arbeiterinnen, einigen Drohnen, einer Königin, Brut, Waben und Vorräten.

BIENENBROT
Von den Bienen in den Waben eingestampfter und mit einer Honigschicht überzogener Pollen, der so unter Luftabschluss haltbar gemacht wird. Es kommt zu einer Fermentierung ähnlich der beim Sauerkraut.

BIENENTRAUBE
Wird einerseits gebildet, wenn ein Volk schwärmt und sich auf einem Baum niederlässt. Man kann so eine Schwarmtraube einfangen. Die Wintertraube der Bienen dient der Wärmehaltung im tiefen Winter. Eng nebeneinander halten die Bienen eine Temperatur von mindestens 14 °C.

BLÜTENSTETIGKEIT
Bienen bleiben einer Nektarquelle treu, bis diese versiegt ist, und informieren auch ihre Kolleginnen über gute Standorte. Dies macht die Honigbienen so wertvoll bei der Bestäubung in der Landwirtschaft.

HONIGTAU
Nektar stammt von Blüten, Honigtau wird von an Bäumen saugenden Insekten (z. B. Lecanien und Blattläusen) ausgeschieden und dann von den Bienen gesammelt. Aus Honigtau entsteht der aromatische Waldhonig.

KITTHARZ
Die heilkräftige Propolis, mit der die Bienen ihre Wohnung auskleiden. Sie sammeln das Harz von Baumknospen.

POLLENFALLE
Wird meist vor dem Flugloch angebracht; durch ein enges Lochgitter müssen die Bienen den mitgebrachten Pollen abstreifen, der so geerntet werden kann.

REINIGUNGSFLUG
Im Frühling ab ca. 10 °C Außentemperatur fliegen die Bienen zum ersten Mal in großer Zahl aus und koten ab. Im Winter wird der Kot in der Kotblase gesammelt.

STERZELN
Bienen sondern Pheromone ab und verteilen sie durch Flügelschlagen, das Sterzeln ist ein Teil ihrer Kommunikation. Oft wird vor dem Flugloch gesterzelt, um den Sammlerinnen den Anflug in den Heimatstock zu erleichtern.

STIFTE
Bieneneier, sie werden nur von der Königin gelegt.

UMWEISELN
Wenn das Volk mit der Königin nicht mehr zufrieden ist, zieht es sich eine Nachfolgerin heran. Manchmal entscheidet das auch der Imker und bringt eine neue Königin ins Volk.

VORSPIEL
Einige junge Bienen, die sich vor dem Flugloch einfliegen, um ihr Zuhause sicher ansteuern zu können. Das Vorspiel kann man auch nach dem Einzug eines Schwarms beobachten, oder wenn die Kästen verstellt wurden.

WEISEL
Die Bienenkönigin.

WIRTSCHAFTSVOLK
Von einem Schwarm oder Ableger kann normalerweise im nächsten Jahr das erste Mal richtig Honig geerntet werden. Das Volk hat sich zum Wirtschaftsvolk entwickelt, von ihm werden wieder neue Ableger gemacht.

ZANDER-BEUTE
Eine Form der Magazinbeute und ein Rähmchenmaß, das vor allem in Süddeutschland verwendet wird, benannt nach seinem Entwickler Enoch Zander.

ZARGEN
Jede Etage einer Magazinbeute wird aus einer Zarge gebildet, in ihr werden die Rähmchen eingehängt.

ZELLE
Kleinste, sechseckige Einheit einer Wabe, sie dient als Kinderzimmer und Vorratsraum.

Impressum

Bibliografische Information der Deutschen Bibliothek.
Die Deutsche Bibliothek verzeichnet diese Publikation in der Deutschen Nationalbibliografie.
Detaillierte bibliografische Daten sind im Internet über http://www.dnb.de/ abrufbar.

FSC www.fsc.org
MIX
Aus verantwortungsvollen Quellen
FSC® C023577

EIN BUCH DER EDITION MICHAEL FISCHER
1. Auflage 2022

Covergestaltung und Layout: Zoe Mitterhuber
Produktmanagement, Textredaktion und Lektorat: Corinna Scherr
Fachlektorat und Texte: Pia Zang (geb. Schrade)
Schlussredaktion: Dr. Frauke Bayer

Bildnachweis:
Umschlag: ©AVA Bitter/Shutterstock, ©Tatiana Goncharuk/Shutterstock, ©Farijazz/Shutterstock; Illustrationen: ©KUCO/Shutterstock, ©AVA Bitter/Shutterstock, ©Olga Olmix/Shutterstock, ©Bodor Tivadar/Shutterstock, ©Annika Gandelheid/Shutterstock, ©GoodStudio/Shutterstock, ©Kseniia Gorova/Shutterstock, ©Tatiana Goncharuk/Shutterstock, ©Arthur Balitskii/Shutterstock, ©Farijazz/Shutterstock.

ISBN 978-3-7459-1244-9
Gedruckt bei Polygraf Print, Čapajevova 44, 08001 Prešov, Slowakei

www.emf-verlag.de